物理實驗

李麗美

東華書局

國家圖書館出版品預行編目資料

物理實驗 / 李麗美編著. -- 二版. -- 臺北市：臺灣
　東華, 民 97.01
　　264 面；19x26 公分.
　　ISBN 978-957-483-468-6 (平裝)
　　1. 物理實驗
330.13　　　　　　　　　　　　　96024769

物理實驗

編 著 者	李麗美
發 行 人	陳錦煌
出 版 者	臺灣東華書局股份有限公司
地　　址	臺北市重慶南路一段一四七號三樓
電　　話	(02) 2311-4027
傳　　眞	(02) 2311-6615
劃撥帳號	00064813
網　　址	www.tunghua.com.tw
讀者服務	service@tunghua.com.tw
門　　市	臺北市重慶南路一段一四七號一樓
電　　話	(02) 2371-9320
出版日期	2008 年 1 月 2 版 1 刷
	2020 年 3 月 2 版 3 刷

ISBN　　978-957-483-468-6

版權所有　‧　翻印必究

編輯大意

1. 本書內容包含基本量度、力學（含流體力學）、熱學、波動學、光學以及電磁學（含電子學）等六部分。

2. 每一實驗單元均詳細介紹實驗目的、方法、原理、器材及步驟，期使學生能充分瞭解物理原理及概念，由實驗中去驗證物理課程所學內容，並培養學生實際操作、觀察、度量及撰寫報告之能力。

3. 每實驗單元皆附有填寫數據及結果的表格、討論及問題，使學生方便整理數據並判斷其可信度，從實驗結果中探討物理現象或概念，促進學生思考及研究科學之精神。

4. 本書有些實驗原理相同但方法不同的實驗項目，除可配合各校所購置之不同儀器設備外，並可使學生觸類旁通，進而設計出其他實驗方法以發揮其創造力。

5. 書後附有附錄，提供實驗所需之相關資料，以供實驗結果參考，並可藉此判斷數據之精確度，以檢查實驗操作過程中有無疏失之處。

6. 礙於編著者的學識能力有限，本書恐有疏漏誤失之處，尚請各界先進不吝批評指正，以作為修訂之參考，至為感激。

編著者　謹識

目 錄

緒　論 1

實驗一　　基本量度實驗 7

實驗二　　自由落體運動實驗 21

實驗三　　機械能守恆原理實驗 31

實驗四　　單擺實驗 39

實驗五　　力的合成與分解實驗 47

實驗六　　摩擦係數實驗 61

實驗七　　碰撞儀實驗 71

實驗八　　轉動慣量實驗 79

實驗九　　楊氏係數測定實驗 87

實驗十　　表面張力實驗 101

實驗十一　固體比重測定實驗 107

實驗十二　固體比熱測定實驗 117

實驗十三	線膨脹係數測定實驗	125
實驗十四	梅耳得音叉頻率測定實驗	137
實驗十五	共振及聲速測定實驗	145
實驗十六	折射率測定實驗	155
實驗十七	光度測定實驗	165
實驗十八	單狹縫繞射實驗	171
實驗十九	電力線分佈實驗	181
實驗二十	電阻測定實驗	189
實驗二十一	克希荷夫定律實驗	197
實驗二十二	基本電表使用實驗	207
實驗二十三	感應電動勢實驗	217
實驗二十四	熱電電動勢實驗	227
實驗二十五	電子荷質比測定實驗	233

附　錄

附錄一	物理標準之定義	239
附錄二	重要物理常數	240
附錄三	物理量之單位與符號	241
附錄四	單位換算因數	242
附錄五	數學符號	243
附錄六	希臘字母	243
附錄七	**10** 倍數乘冪表	244
附錄八	各地之重力加速度 g 值	245

附錄九	固體的物性常數	246
附錄十	液體的物性常數	247
附錄十一	氣體的物性常數	248
附錄十二	水的密度	248
附錄十三	固體及流體的比重值	249
附錄十四	空氣密度	249
附錄十五	水之黏滯係數 η	250
附錄十六	水銀密度	250
附錄十七	表面張力值	251
附錄十八	聲速值（m/sec）	252
附錄十九	折射率	252
附錄二十	凸透鏡成像位置	253
附錄二十一	凹透鏡成像位置	253
附錄二十二	電阻色碼之讀數	254
附錄二十三	電阻係數及溫度係數	255
附錄二十四	電儀表的符號	256
附錄二十五	常見電路元件之表示符號	256
附錄二十六	台灣及中國大陸各地之地磁狀況	257

緒　論

一、實驗的功能及目的

　　實驗是研究科學最重要的方法之一，透過反覆不斷的實驗，可驗證理論的正確與否，也可由實驗推演出新的理論，故在科學的領域裡，實驗與理論是相輔相成的，缺一則無法得到正確的知識。

　　在實驗課程中，主要的目的是藉由實際的操作、量度以訓練學生使用儀器及分析數據的能力，並經由實驗提高其學習興趣，以加深對物理知識的瞭解。

二、實驗須知

I、實驗前的準備工作

　　在進入實驗室之前，學生應先瞭解即將要做的實驗單元之內容，詳細閱讀實驗課本或講義並參考與實驗項目相關的資料，寫作預習報告，並於實驗前繳交給教師批閱，使老師確知學生瞭解該項實驗之內容及流程，除可保障學生於實驗室內的安全及實驗時間的掌握外，另可維護儀器免於受損。

　　進入實驗室後，但未著手實驗前，應先檢查儀器及瞭解儀器使用方法：

1. 檢查儀器材料是否齊全及完整，如果有短缺或損壞情形，應立即向老師報告，以便補足、更換或修理。
2. 瞭解實驗儀器的正確使用方法及範圍，使能量得較為精確的數據，並避免因不當的使用，產生錯誤的數據，或損壞儀器，甚至威脅到實驗室內人員的安全。例如溫度計的使用超過其測溫範圍，蒸汽鍋加熱時忘了加水、用毫安培計測強電流等。
3. 注意使用的器材及藥品是否有危險性，例如水銀蒸汽具有毒性，乙醚具有麻醉效果，電線是否安全無虞等，皆必須小心注意，以確保本身及其他人員的安全。

II、實驗時應注意事項

實驗時除了依照老師所規定的實驗室守則進行課程外，下列有幾點應注意的事項，也請同學一併遵守：

1. 忠於自己的實驗：對於實驗中所觀察之現象及記錄的數據，不論正確與否，絕不造假或更改，更不可憑空捏造數據，而失去做實驗的意義。若發現誤差過大，必要時可重新做實驗。
2. 愛護儀器：實驗室之儀器設備為所有同學共用之公物，應愛惜維護之，以便同學日後繼續使用。況且數據的精確與否，有部分原因在於儀器本身的精密度及是否正確使用儀器，故若能愛護儀器，將可降低實驗誤差。
3. 注意電源：若接直流電源要接對正負極，使用電表要注意其測量範圍，並注意電器的使用時間不要過長以避免儀器過熱無法正常運作。另外，要插上或拔去電源插頭前，要注意儀器開關是否在"關"的狀態。若作電學實驗需接線路時，在未經確認線路接對與否前，切勿貿然通電。
4. 實驗進行中，若有儀器損壞或運作失常，應立即向老師報告，以便更換或修理，切勿自行修理或改裝儀器。
5. 若覺得實驗步驟有改進的方法可替代，應事先徵求老師的認可。
6. 記錄數據時，要注意其正確性及有效數字的判斷，必要時可將差異太大的數據去掉不用。同組同學應交替觀察、操作及測量，以儘量減少人為誤差的產生。

III、實驗後的工作

實驗完成後，應將數據及結果交由老師檢查，以確定是否量得正確數據，若否，則應謀求補救辦法。另外須將所使用的儀器恢復原狀且排列整齊，並要拔去電源。

一切在實驗室該完成的工作做完後，即應書寫實驗結果報告，並檢討此次實驗的得失，作為改進下次實驗的依據。

三、實驗報告

　　實驗報告之書寫相當重要，它可訓練學生對實驗數據之統計分析的能力，及如何利用公式作計算。並藉由討論尋找誤差的成因，以及由回答問題中，做更深一層的思考，進而對整個實驗更為了解。

　　實驗報告可分為預習報告及結果報告兩部分：

I、預習報告

1. 實驗者之基本資料：科班別、組別、座（學）號、姓名、同組同學之座號及姓名、實驗日期。
2. 實驗項目之名稱。
3. 實驗目的。
4. 實驗原理。
5. 實驗儀器及材料。
6. 實驗應注意事項。
7. 實驗步驟。

　　以上項目之書寫可參考實驗課本、講義及相關資料，且應於實驗前寫作完畢，使學生於未作實驗前，即對該次實驗有相當程度的瞭解，以利實驗進行。

II、結果報告

1. 實驗數據及結果：將數據記錄於適當表格內，表格中各欄之名稱、代號及單位均須註明，數據應讀取至儀器的最小刻度單位，有時尚需加一位估計值。並應將所應用之公式及計算過程詳細寫出。
2. 作圖：以方格紙作圖，須將橫軸及縱軸的物理量名稱或代號，及單位標示清楚。座標之單位要選擇適當，才能使圖形分佈完整。
3. 討論：查閱附錄之公認值，或利用公式計算出理論值，以二者為標準值，計算實驗值之誤差，並討論誤差成因。另將此次實驗的心得，對實驗的建議或看法，或物理現象的討論，皆寫於本部分。
4. 問題：回答實驗課本或老師提出的問題。

5. 參考：將實驗或寫作報告的參考資料逐條列出項目、書名（或雜誌、論文）、作者姓名、出版年月、版別、頁次等。

四、有效數字及誤差

I、有效數字

　　任何物理量的量度結果，其測量值的記錄應包括兩部分，一部分為儀器精密度最小刻度以上的位數，為完全精確的數字；另一部分為最小刻度下一位的估計值，二者合起來即為一有效數字。用不同精密度的儀器測量同一事物，所得有效數字愈多位數，即愈精確。例如用最小刻度為公分的尺量度擺長為 80.5 公分，此為三位有效數字，若改用最小刻度為公厘的尺測量，則量得 80.52 公分，為四位有效數字，故後者較為精確。

　　有效數字相加減時，其結果僅保留一位估計數字；相乘除時，其結果的位數，不應大於乘數與被乘數中（或除數與被除數）具有較少位數者之位數。

II、誤　差

　　在實驗過程中，誤差的產生在所難免，其起因可分為下列幾種：

1. 人為的誤差：由於觀測、記錄或計算的疏失所引起的，此項誤差因人而異。
2. 儀器的誤差：儀器的精密度不夠，或使用儀器的方法不正確而導致誤差。
3. 理論的誤差：有時在推導公式過程中，因某項之捨去或假設而導致誤差。或因直接測量某量 X 之不易，而先測與其關係密切的另量 Y，再以 X、Y 間的關係式求 X，若此關係式並不嚴謹，則易引起誤差。
4. 隨機誤差：有時因環境的改變，例如噪音、室溫或氣壓的突然變化，皆會影響測量結果。有時，在同種狀況下，做多次相同的測量，其結果有時會不一致，這是原因不明的誤差。

　　在實驗時儘量小心觀察及量度且愛護及正確使用儀器，可降低誤差，並作多次測量，求取平均值，其結果會比僅做一次測量較為準確。誤差之定義為

$$誤差 = |測量值 - 公認值| \quad \text{..(1)}$$

上式又稱為絕對誤差，而公認值的來源為熟練的觀察者以高精密度的儀器做極多次測量而來的。

另定義百分誤差為

$$\text{百分誤差} = \frac{\text{誤差}}{\text{公認值}} \times 100\% \quad\quad\quad\quad\quad\quad\quad\quad\quad\quad (2)$$

(2) 式又稱為相對誤差。百分誤差較絕對誤差有意義，且不易引起誤解。

6　物理實驗

實驗一 基本量度實驗

一、目　的

瞭解游標測徑器、螺旋測微器及球徑計的構造與刻度原理,並使用它們測量圓筒的內外徑與深度、金屬線的直徑、薄層物厚度及球面玻璃的凸凹面曲率半徑。

二、構造及原理

I、游標測徑器

(一) 構　造

游標測徑器之設計如圖 1-1 所示,圖中標示出各部分之代號,其名稱及功能如下:

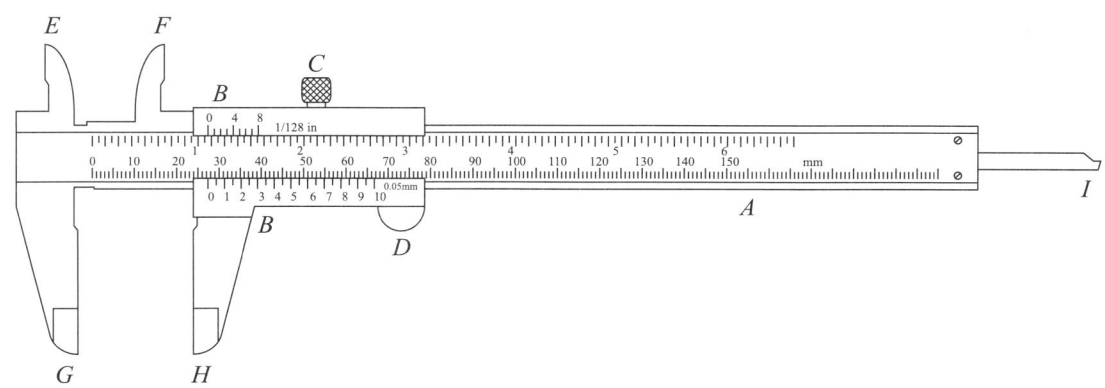

圖 1-1

A：稱為主尺，有兩種主要刻度，一為公制以毫米（mm）為單位，一為英制以英寸（inch）為單位。

B：稱為游尺，套於主尺上，可左右移動，有兩種輔助刻度，可使讀數精確至 1/20 mm 及 1/128 in。

C：固定游尺的螺絲。

D：使游尺移動方便的半圓輪。

E、F：測內徑的夾物口。

G、H：測外徑的夾物口。

I：測量深度的測深桿。

(二) 刻度原理

1. 公制單位

在測量前，先使主尺及游尺之零點對齊，觀察公制單位部分，可得游尺刻度 10 恰與主尺刻度 39 mm 對齊（有些設計游尺刻度 10 與主尺刻度 9 mm 或 19 mm 對齊），如圖 1-2 所示。游尺每一刻度長即為 3.9 mm，故游尺刻度 1 與主尺 4 mm 處相差 0.1 mm，而游尺刻度 0.5 與主尺 2 mm 處就相差 0.05 mm，因此游標測徑器之精確度為 1/20 mm。

量度待測物時，若測得其長度如圖 1-3 所示，游尺 0 刻度介於主尺刻度 7 mm 與 8 mm 之間，則讀數整數部分為 7 mm。而游尺刻度 2.5 與主尺 17 mm 刻度線對齊，將游尺刻度往前推至刻度 1.5 處與主尺 13 mm 相差 0.1 mm，游尺刻度

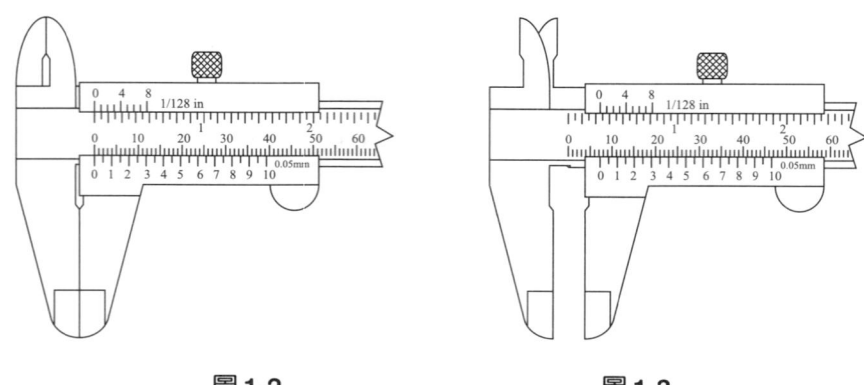

圖 1-2　　　　　　　　圖 1-3

0.5 處與主尺 9 mm 相差 0.2 mm，游尺 0 刻度則與主尺 7 mm 相差 0.25 mm，因此長度讀數小數部分為 0.25 mm，故實際測量值為 7 mm + 0.25 mm = 7.25 mm。由此推算方法，可得一簡便讀法，即觀察游尺 0 刻度介於 A mm 與 (A + 1) mm 之間，則讀數整數部分為 A mm。而小數部分即觀察游尺刻度 B 與主尺某刻度線最為對齊時，讀數小數部分即為 B × 0.1 mm，故待測物之實際讀數為

$$R = A + B \times 0.1 \text{（單位為 mm）} \quad\quad\quad\quad\quad\quad\quad\quad\quad (1)$$

2. 英制單位

將游尺與主尺零點對齊，觀察英制單位部分，可得游尺刻度 8 恰與主尺刻度 7/16 in 對齊（如圖 1-2）。故游尺每一刻度長 7/128 in，與主尺每一刻度長 1/16 in 相差 1/128 in，因此精確度為 1/128 in。測量待測物時，若游尺 0 刻度介於主尺 A in 與 (A + 1/16) in 之間，游尺刻度 B 與主尺某刻度對齊時，其讀數則為

$$R = A + B \times \frac{1}{128} \text{（單位為 in）} \quad\quad\quad\quad\quad\quad\quad\quad (2)$$

以圖 1-4 為例，觀察游尺 0 刻度在主尺 $1\frac{2}{16}$ in 及 $1\frac{3}{16}$ in 之間，而游尺刻度 3 與主尺某刻度線對齊，其讀數為

$$1\frac{2}{16} + 3 \times \frac{1}{128} = 1\frac{19}{128} \text{ (in)} 。$$

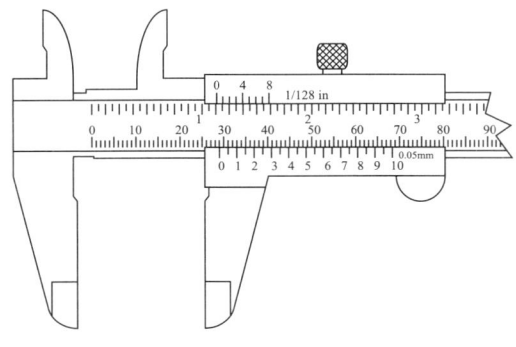

圖 **1-4**

II、螺旋測微器

(一) 構　造

　　螺旋測微器之設計如圖 1-5 所示，D 為主尺固定於曲柄 H 上，當粗調轉鈕 F 轉動時，附於主尺上的曲尺 E 會跟著轉動。將待測物置於夾物口 A、B 間，A 固定於曲柄上，而 B 跟著 F 轉動而伸縮，使待測物被夾住，夾住後再轉動微調轉鈕 G，並將固定鈕 C 鎖上，即可記錄待測物讀數。

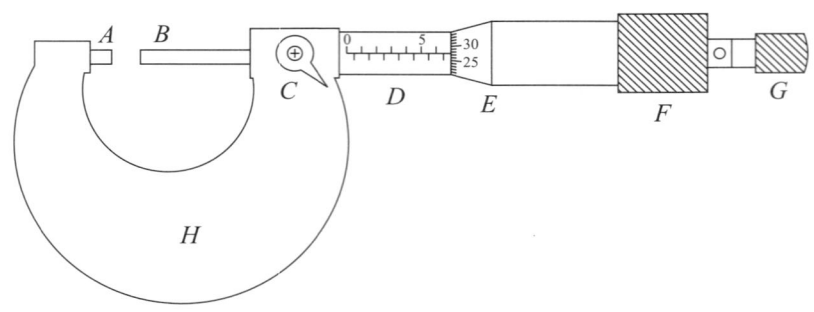

圖 1-5

(二) 刻度原理

　　測微器主尺上下相鄰兩刻度間的距離為 0.5 mm，曲尺上分為 50 刻度，曲尺每轉動一周，則在主尺上進退一刻度，即為 0.5 mm，故在曲尺上每一刻度相當於 0.01 mm。

　　量度待測物時，觀察主尺與曲尺相接處，若落於主尺 D mm 與（D + 0.5）mm 之間，而曲尺刻度 E 對準主尺橫線，則其讀數為

　　　　$R = D + E \times 0.01$（單位為 mm） .... (3)

但有時曲尺刻度線不恰好對準主尺橫線，就須要加一位估計值。

　　以圖 1-6 為例，兩尺相接處介於主尺 6.5 mm 與 7 mm 之間，曲尺刻度在 17 與 18 之間對準主尺橫線，此時另須加一位估計值，則待測物之讀數為 6.5 + 17.2 × 0.01 = 6.672（mm）。

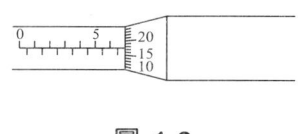

圖 1-6

III、球徑計

(一) 構造及刻度原理

球徑計之設計有兩種型式，第一種樣式如圖 1-7(a) 所示，三足尖 A、B、C 形成一正三角形，其中一腳上立有一主尺 L，L 尺上每一刻度長 1 mm。三角形中心軸 ND 可自由旋轉，且附有一圓盤 M 可跟著轉動，圓盤上有 100 等分之刻度，圓盤每旋轉一周，則中心軸向上或向下移動 1 mm，故圓盤上每一刻度相當於 0.01 mm，此即為球徑計之精確度。

量度時，觀察主尺與圓盤面交接處，若落在主尺刻度 P mm 與 $(P+1)$ mm 之間，盤面刻度 Q 對準主尺邊緣，則其讀數為

$$R = P + Q \times 0.01 \text{（單位為 mm）} \tag{4}$$

但有時盤面刻度不剛好對準主尺邊緣，則須加一位估計值。

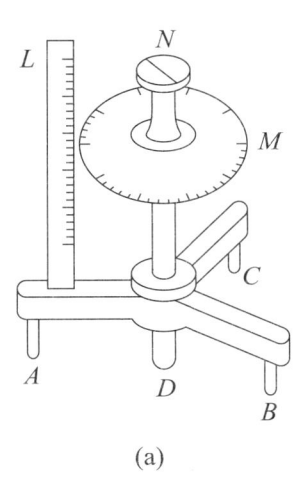
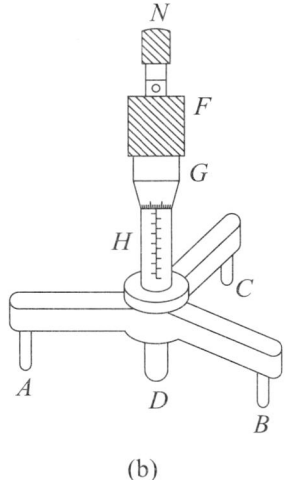

(a)　　　　　　　(b)

圖 1-7

12　物理實驗

　　第二種樣式的球徑計如圖 1-7(b) 所示，底座一樣有三足尖 A、B、C 形成正三角形，ND 為三角形中心轉軸，F 為粗旋轉鈕。H 為主尺，每一刻度長 0.5 mm。G 為曲尺，上有 50 等分刻度，曲尺可跟著 F 一起轉動，曲尺每轉動一周，則在主尺上下一刻度，即 0.5 mm，故曲尺上每一刻度為 0.01 mm。由前之敘述，可知此型球徑計之刻度原理與螺旋測微器相同，故其讀法也相同。

(二) 球面之曲率半徑

　　利用球徑計測量球面玻璃的曲率半徑 R，如圖 1-8 所示，將球徑計置於球面上，轉動中心軸使足尖 D 及足尖 A、B、C 均與球面接觸。將 A、B、C、D 所在之曲面（圖 1-8(a)）投影為如圖 1-8(b) 之 A、B、C 三點所成之平面，D 之投影點為 E，假設 DE 距離為 h，並將此二圖對應來看。設球面中心為 O，連接 DEO 並延長與球面交於 F，由圖分析

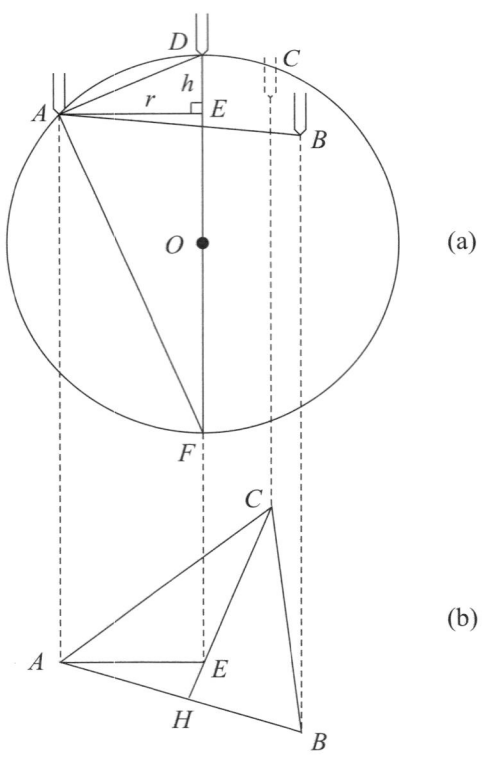

圖 **1-8**

$$\because \angle DAF = 90° \text{ 且 } \overline{AE} \perp \overline{DF}$$

$$\therefore \angle AFE = \angle DAE$$

且 $\quad \angle ADE = \angle EAF$

可得 $\quad \triangle ADE \sim \triangle FAE$

$$\overline{DE} : \overline{AE} = \overline{AE} : \overline{EF}$$

設 $\overline{AE} = r$，$\overline{DE} = h$

$$h : r = r : 2R - h$$

$$r^2 = h(2R - h)$$

所以 $\quad R = \dfrac{r^2}{2h} + \dfrac{h}{2}$ .... (5)

又在三角形 ABC 中，連接 CE 並延長與 AB 交於 H，並設 △ABC 之邊長為 S，則

得 $r^2 = \dfrac{S^2}{3}$ 代入 (5) 式

$$R = \dfrac{S^2}{6h} + \dfrac{h}{2}$$ .... (6)

實驗時，測量 S，再利用球徑計測得 h，代入 (6) 式即可求得曲率半徑 R。

三、儀器及材料

游標測徑器，螺旋測微器，球徑計，圓筒，待測金屬線（銅、鋼及鐵鉻線），薄層物，平面玻璃，球面玻璃。

四、注意事項

1. 使用螺旋測微器時，當待測物與夾物口微微接觸時，停止轉動粗調轉鈕 F，改轉動微調轉鈕 G，直到發出三次響聲為止。並避免調轉過度，造成儀器損壞或

待測物被壓縮而量度不準確。
2. 使用球徑計測量球面玻璃時，避免用力過度壓碎玻璃而受傷。

五、步　驟

I、游標測徑器

1. 先做零點校正，即觀察主尺與游尺之零點是否對準，分別記錄其公制及英制之零點誤差 a。
2. 將 E、F 夾物口張於圓筒內側，測量內徑三次，觀察游尺 0 刻度介於主尺的兩個刻度 A 及 $(A+1)$ 之間，再觀察游尺某刻度 B 與主尺某刻度線對齊，利用公式 (1) 及 (2) 分別讀出公制及英制讀數 R。
3. 將圓筒置於 G、H 夾物口之間，測量外徑三次，同步驟 2 方法讀出讀數 R。
4. 將測深桿 I 伸入圓筒內，測量深度三次，同步驟 2 方法讀出讀數 R。

II、螺旋測微器

1. 測量前先做零點校正，轉動粗調轉鈕 F 使夾物口 A、B 微微接觸，再轉動微調轉鈕 H，直到發出三次聲響為止，記錄此時讀數為 a。
2. 將待測物（金屬線或薄層物）置於 A、B 夾物口之間，轉動 F 使 A、B 微微夾住待測物，再轉動 H 直到發出三次響聲為止，觀察曲尺與主尺相接處介於主尺的兩個刻度 D 及 $D+0.5$ 之間，曲尺何刻度 E 對準主尺橫線（若沒對準則須加一位估計值），利用公式 (3) 讀出讀數 R。
3. 同一待測物於不同處測量其直徑或厚度三次，即重複步驟 2 三次，並求取平均值。
4. 依次更換不同待測物作測量，重複以上步驟。

III、球徑計

1. 將球徑計之三足尖 A、B、C 印在白紙上，以米尺量出 $\overline{AB}$、$\overline{BC}$、$\overline{AC}$ 之長度，取其平均值，是為正 $\triangle ABC$ 之邊長 S。
2. 將球徑計置於平面玻璃上，轉動中心軸，使足尖 D 與 A、B、C 三足尖均與玻璃相接觸，其判斷方法可憑手的感覺，或觀察玻璃面上足尖的像與實物是否緊密接合。觀察主尺與圓盤之交接處，是否主尺零刻度與圓盤零刻度對準，並記錄零點校正 a。若使用圖 1-7(b) 型式的球徑計，則觀察此時主尺與曲尺相接處的讀數 a，是為零點校正。

3. 旋轉中心軸，使足尖 D 高於 A、B、C 三足尖，再將球徑計置球面玻璃之凸面上。轉動軸心，使四足尖 A、B、C、D 皆與凸面相接觸，記錄此時讀數為 b，並減去零點校正 a，是為高度 h。
4. 重複步驟 2 及 3 三次，於不同處量取 h 值，並計算平均值，代入公式 (6) 計算曲率半徑 R。
5. 改測量球面玻璃之凹面，重複以上步驟，求取凹面之曲率半徑。
6. 測量薄層物之厚度，先如同步驟 2 作零點校正，再將薄層物置於平面玻璃上，並在足尖 D 下方，然後旋轉中心軸，使 D 與薄層物接觸，且球徑計之三足尖 A、B、C 與平面玻璃確實接觸。觀察此時讀數 b，再減去零點校正 a，即為薄層物厚度 h，於不同處測量 h 值三次，求取平均值。

實驗一

基本量度實驗報告

班級：＿＿＿＿＿＿＿＿＿　　組別：＿＿＿＿＿＿＿＿　　實驗日期：＿＿＿＿＿＿＿＿

座（學）號：＿＿＿＿＿＿＿＿＿＿＿＿　　姓名：＿＿＿＿＿＿＿＿＿＿＿＿＿＿

同組同學座號及姓名：＿＿＿＿＿＿＿＿＿＿＿＿＿＿　　評分：＿＿＿＿＿＿＿＿＿＿

實驗數據及結果

I、游標測徑器

一、公　制

待測物		零點校正 a (mm)	主尺讀數 A (mm)	游尺讀數 $B \times 0.1$ (mm)	測量物讀數 R (mm) $A + B \times 0.1$	測量實際值 $R - a$ (mm)	測量平均值 (mm)
內徑	1						
	2						
	3						
外徑	1						
	2						
	3						
深度	1						
	2						
	3						

二、英　制

待測物		零點校正 a (in)	主尺 A (in)	游尺 $B \times \dfrac{1}{128}$ (in)	讀數 R (in) $A + B \times \dfrac{1}{128}$	測量值 $R - a$ (in)	測量平均值 (in)
內徑	1						
	2						
	3						
外徑	1						
	2						
	3						
深度	1						
	2						
	3						

II、螺旋測微器

待測物		零點校正 a (mm)	主尺 D (mm)	曲尺 $E \times 0.01$ (mm)	讀數 R (mm) $D + E \times 0.01$	測量值 $R - a$ (mm)	測量平均值 (mm)
鋼線	1						
	2						
	3						
銅線	1						
	2						
	3						
鐵鉻線	1						
	2						
	3						
薄層物	1						
	2						
	3						

III、球徑計

A、B、C 三足尖任二足尖之距離（mm）	$\overline{AB}$	$\overline{BC}$	$\overline{AC}$	足尖平均距離 S $S = \dfrac{1}{3}(\overline{AB} + \overline{BC} + \overline{AC})$

待測物		零點校正 a (mm)	讀數 b (mm)	高度 $h = b - a$ (mm)	h 平均值 (mm)	曲率半徑 R (mm) 式 (6)
凸面	1					
	2					
	3					
凹面	1					
	2					
	3					
薄層物	1					
	2					
	3					

討論

問題

1. 試比較三種測量儀器的適用範圍及精確度？
2. 若想測量圓筒壁的厚度，用那種儀器測量較精確？為什麼？並請量量看，是否恰為內徑與外徑差之 1/2 倍？
3. 本實驗中，薄層物的厚度用螺旋測微器及球徑計各別測量，你認為那種較精確？為什麼？
4. 同一片球面玻璃的凸面及凹面的曲率半徑，測量結果是否相同？你認為應該相同嗎？為什麼？

實驗二 自由落體運動實驗

一、目 的

研究自由落體運動並測量當地重力加速度。

二、方 法

利用光電計時裝置及鐵架裝置，測量鐵球自由落下之距離與時間，代入自由落體運動公式，即可求出重力加速度 g 值。

三、原 理

物體受外力作用，會改變運動狀態，即產生加速度。若外力保持一定大小及方向，則物體會做等加速度運動，其運動公式為

$$\vec{v} = \vec{v}_0 + \vec{a}t \quad\quad\quad\quad\quad (1)$$

$$\vec{r} = \vec{v}_0 t + \frac{1}{2}\vec{a}t^2 \quad\quad\quad\quad\quad (2)$$

上二式中，$\vec{v}$ 為末速，$\vec{v}_0$ 為初速，$\vec{a}$ 為加速度，$\vec{r}$ 為位移及 t 為時間。當加速度與速度方向平行時，物體運動軌跡為一直線，則上二式可改為純量式

$$v = v_0 + at \quad\quad\quad\quad\quad (3)$$

$$r = v_0 t + \frac{1}{2}at^2 \quad\quad\quad\quad\quad (4)$$

將一物體於高處由靜止釋放，此物受重力作用而往下做直線運動，我們稱其做自由落體運動。若運動範圍不大，只在地表附近，且空氣阻力可忽略不計的情況下，物體所受重力可視為定力，其產生的加速度稱為重力加速度，一般以 g 表示之。由於自由落體運動初速為零，且是鉛直方向運動，我們以 y 表示位移大小（此處也為距離），則 (3)、(4) 式改為

$$v = gt \quad\quad\quad\quad\quad\quad\quad\quad\quad\quad\quad\quad\quad\quad\quad\quad\quad\quad\quad\quad\quad\quad\quad\quad\quad\quad\quad\quad (5)$$

$$y = \frac{1}{2}gt^2 \quad\quad\quad\quad\quad\quad\quad\quad\quad\quad\quad\quad\quad\quad\quad\quad\quad\quad\quad\quad\quad\quad\quad\quad (6)$$

利用實驗裝置，量得落下距離 y 及時間 t，代入 (6) 式中，即可求出 g 值。

或利用光電計時器直接量出物體落下至某處的瞬時速率 v 及所需時間 t，代入 (5) 式亦可求出 g 值。但若計時器無此功能則用趨近法來求瞬時速率。平均速率 $\bar{v}$ 的定義為距離 Δy 與時間間隔 Δt 之比值，即

$$\bar{v} = \frac{\Delta y}{\Delta t} \quad\quad\quad\quad\quad\quad\quad\quad\quad\quad\quad\quad\quad\quad\quad\quad\quad\quad\quad\quad\quad\quad\quad\quad (7)$$

我們若將時間間隔取得趨近於零，則平均速率就會趨近於某瞬間的瞬時速率 v，即

$$v = \lim_{\Delta t \to 0} \frac{\Delta y}{\Delta t} = \lim_{t_2 \to t_1} \frac{y_2 - y_1}{t_2 - t_1} \quad\quad\quad\quad\quad\quad\quad\quad\quad\quad\quad\quad\quad\quad (8)$$

測量物體自由落下距離 y_1 需時 t_1，落下距離 y_2 需時 t_2，代入 (8) 式中，可求出瞬時速率。但要注意，y_1 和 y_2 差距要小，這樣 t_2 才會趨近於 t_1。而 (5) 式中的時間 t，就由 t_1 和 t_2 的平均值代入，即

$$t = \frac{t_1 + t_2}{2} \quad\quad\quad\quad\quad\quad\quad\quad\quad\quad\quad\quad\quad\quad\quad\quad\quad\quad\quad\quad\quad\quad (9)$$

另外，也可用間接方法來測量 g 值，如圖 2-1 所示。為一物體作自由落體運動軌跡。當物由 A 點自由落下，經 B 點時有速度 v_1，測量 B 至 C 點的距離 y_1 及時間 t_1，再測量 B 至 D 點的距離 y_2 及時間 t_2，其關係式各為

$$y_1 = v_1 t_1 + \frac{1}{2}gt_1^2 \quad\quad\quad\quad\quad\quad\quad\quad\quad\quad\quad\quad\quad\quad\quad\quad\quad\quad (10)$$

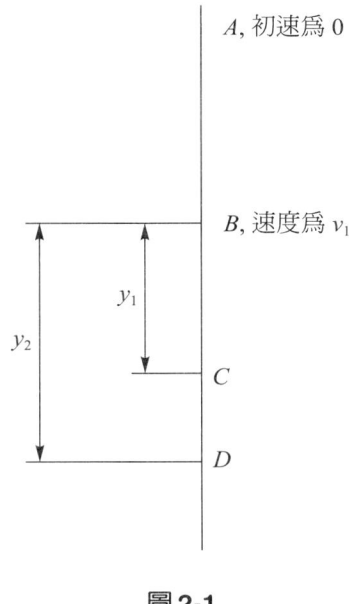

圖 2-1

$$y_2 = v_1 t_2 + \frac{1}{2} g t_2^2 \quad \text{...(11)}$$

將 (10)、(11) 式之 v_1 削去，得

$$g = \frac{2(y_2 t_1 - y_1 t_2)}{t_1 t_2 (t_2 - t_1)} \quad \text{...(12)}$$

四、儀器及材料

光電計時裝置（數字計時器、光電管含發射管及檢測管、連接線、十字接頭），鐵架（附電磁鐵、鉛錘及細線），米尺，鋼杯附沙（或軟布），測試鐵球。

五、步　驟

1. 將光電計時裝置安裝妥當，鋼杯附沙放在鐵架底座以接住落下之鐵球。
2. 選擇計時器上之適當功能，並打開電磁鐵電源，將鐵球放在電磁鐵之尖端以被吸住。

(一) 直接測量法（利用 (6) 式求 g）

3. 如圖 2-2 所示，將光電管之起動組移至鐵球最下端，恰在發射管與檢測管兩管中

24　物理實驗

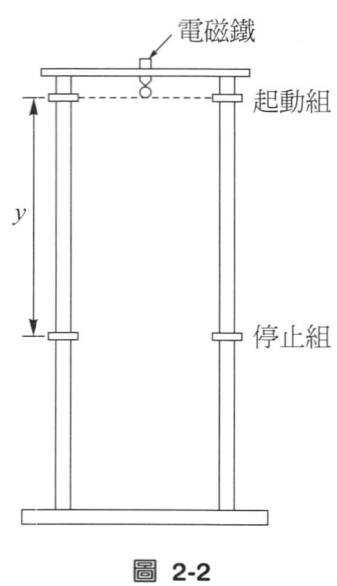

圖 2-2

心連線上（可藉由鉛錘及細線預測鐵球落下軌跡，以調整光電管位置），使球一落下，即開始計時。

4. 將停止組移至起動組下方約 50 cm 處，並記錄其距離 y，在計時前，先按歸零鍵，再按啟動鍵以切斷電磁鐵電源，讓鐵球自由落下，當鐵球經過停止組後，計時器停止計時，即可記錄經過時間 t，並重複測量 t 三次，求取時間平均值，代入 (6) 式求出 g 值。

5. 改變停止組與啟動組間的距離，每次增加約 15 cm，重複以上步驟，求出 g 的平均值，並與公認值比較。

(二) 瞬時速度法（利用 (5)、(8)、(9) 式求 g）

6. 如圖 2-3 所示，同步驟 2~4 測出距離 y_1 需時 t_1（t_1 量三次取平均值）後，移動停止組使停止組與起動組之距離變為 y_2，但 y_1 與 y_2 要儘量接近，不要相差超過 5 cm，並測量鐵球自由落下 y_2 距離所需時間 t_2，（t_2 量三次取平均值），將所得數據代入公式 (8) 求瞬時速度 v，公式 (9) 求 t，再將 v、t 代入公式 (5) 求重力加速度 g。

7. 改變 y_1 及 y_2，重複步驟 6 三次，求各次之 g 值，並求平均值。或者可選擇光電計時器之測速度功能鍵，可直接測量鐵球經過某位置的瞬時速度 v，並測量落下時間 t，代入 (5) 式求 g。

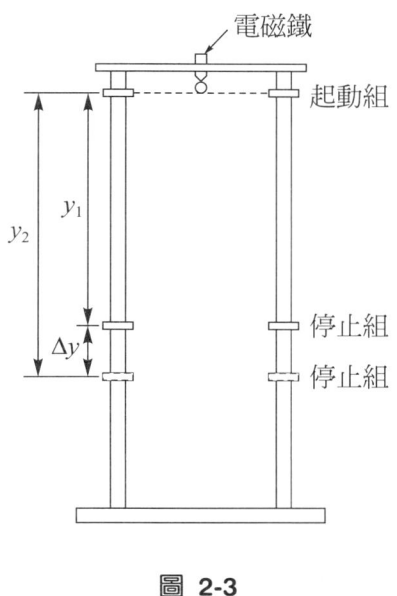

圖 2-3

(三) 間接測量法（利用 (12) 式求 g）

8. 調低起動組之位置，使其距電磁鐵約 20 cm，如圖 2-4 所示。

9. 調整停止組之位置，測量起動組與停止組之距離為 y_1，並選擇適當功能，測量鐵球落下後經過兩組的時間為 t_1（t_1 量三次取平均值）。

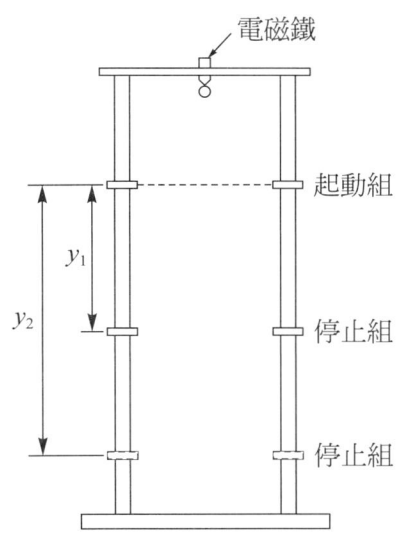

圖 2-4

10. 起動組不動，只調整停止組至另一位置，並測量此時的距離 y_2 及時間 t_2（t_2 量三次取平均值），代入公式 (12) 計算 g 值。
11. 重新調整起動組及停止組位置，重複步驟 9、10 三次，求出各次 g 值，並平均之。

實驗二　自由落體運動實驗報告

自由落體運動實驗報告

班級：＿＿＿＿＿＿＿　組別：＿＿＿＿＿＿＿　實驗日期：＿＿＿＿＿＿＿

座（學）號：＿＿＿＿＿＿＿＿＿　姓名：＿＿＿＿＿＿＿＿＿＿

同組同學座號及姓名：＿＿＿＿＿＿＿＿＿＿　評分：＿＿＿＿＿＿＿

實驗數據及結果

一、直接測量法

　　當地重力加速度 $g =$ ＿＿＿＿＿＿＿＿＿＿＿＿＿＿

次　數	距離 y (cm)	時間 (sec) t	時間 (sec) 平均值	重力加速度 g (cm/s^2) 式 (6)	平均值 g (cm/s^2)	百分誤差 g (%)
1						
2						
3						
4						
5						

二、瞬時速度法

次數	距離 (cm) y_1	距離 (cm) y_2	時間 (sec) t_1	時間 (sec) t_1 平均值	時間 (sec) t_2	時間 (sec) t_2 平均值	$t = \dfrac{t_1 + t_2}{2}$	瞬時速率 v (cm/s) 式 (8)	g (cm/s^2) 式 (5)
1									
2									
3									

g 平均值

百分誤差

三、間接測量法

次數	距離 (cm) y_1	距離 (cm) y_2	時間 (sec) t_1	時間 (sec) t_1 平均值	時間 (sec) t_2	時間 (sec) t_2 平均值	重力加速度 g (cm/s^2) 式 (12)
1							
2							
3							

g 平均值

百分誤差

討論

問題

1. 試比較三種方法，何者測量之 g 值誤差較少？想想看，為什麼？
2. 除了自由落體運動可測量 g 值外，還有其他方法也可測量 g 值，請試舉一例。
3. 利用 (10)、(11) 兩式，推導出 (12) 式。

實驗三 機械能守恆原理實驗

一、目 的

研究自由落體運動之動能及重力位能，並驗證兩者總和為一定值。

二、方 法

利用鐵架及光電計時裝置，測量鐵球自由落下之距離及時間，算出其速度及高度，並代入動能及重力位能的公式中，求出不同位置的機械能總和。

三、原 理

機械能包括動能和位能兩種形式的能量。動能是物體於運動狀態下所具有的一種能量，可釋放出來對外界作功，其關係式為

$$E_k = \frac{1}{2}mv^2 \quad \text{...} (1)$$

E_k 表示動能，m 為物體質量，而 v 為速度。

位能與物體所在位置或狀態相關，其形式有很多種，如重力位能、彈力位能、電位能等等。本實驗只研究重力位能與動能互相轉換的自由落體運動。物體若運動範圍不大，只在地表附近，則重力位能的關係式為

$$U_g = mgy \quad \text{...} (2)$$

U_g 表示重力位能，g 為重力加速度，y 為以某處為參考原點之高度。此參考原點可

自由選取，令其重力位能為零，在原點之上，重力位能為正值；在原點之下，重力位能為負值。

當一物體作自由落體運動時，除重力之外而無其他外力作用時，此物在不同位置的動能和位能雖各有不同值，但其總和卻相同大小，此即為機械能守恆原理的常見例子。如圖 3-1 所示，為一物體作自由落體之運動軌跡，物體自靜止由 A 點落下，經過 B 點時速度為 v_1，高度為 y_1；經過 C 點時速度為 v_2，高度為 y_2，則其機械能守恆關係式為

A ── 速度為 0，高度為 y_0

B ── 速度為 v_1，高度為 y_1

C ── 速度為 v_2，高度為 y_2

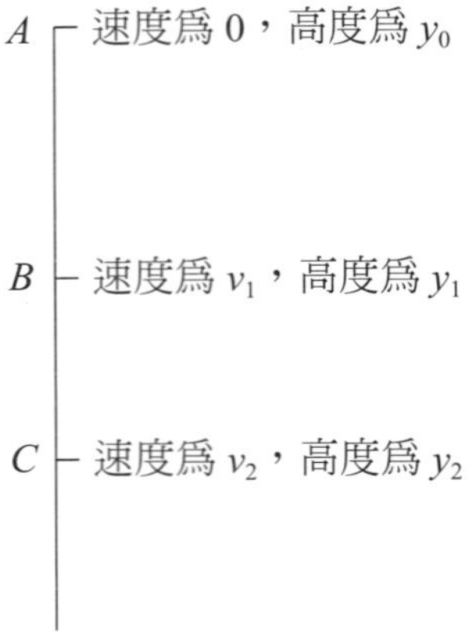

圖 3-1

$$\frac{1}{2}mv_1^2 + mgy_1 = \frac{1}{2}mv_2^2 + mgy_2 \quad\cdots\cdots(3)$$

式中 m 為物體質量。

在實驗中，高度可由米尺直接量取。速度可用光電計時器測速功能量取，或測量物體落下時間 t，再代入自由落體運動公式求取速度大小，即

$$v = gt \quad\cdots\cdots(4)$$

若位能為其他形式，也無外力作用，則機械能守恆成立，其關係為

$$E_k + U = 常數 \quad\cdots\cdots(5)$$

U 為位能。

四、儀器及材料

鐵架（附電磁鐵、細線及鉛錘），光電計時裝置（數字計時器、光電管含發射管及檢測管、連接線、十字接頭），米尺，鋼杯附沙（或軟布），測試鐵球。

五、步　驟

1. 測量測試鐵球之質量，並記錄之。
2. 裝置光電計時器，鋼杯附沙放於鐵架底座以接住落下之鐵球。
3. 選擇計時器上之適當功能，並打開電磁鐵電源，將鐵球放在電磁鐵尖端以被吸

圖 3-2

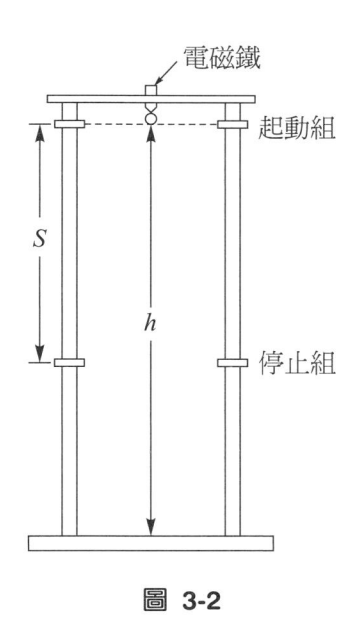

住。

4. 將光電管之起動組移至鐵球之最下端，恰在發射管及檢測管兩管中心連線上，使球一落下，即開始計時，如圖 3-2 所示。

5. 將停止組移至起動組下方約 50 公分處，並測量兩組之距離是為鐵球落下距離 S，此處若選擇以電磁鐵吸住鐵球之下端為參考原點，則高度 $y = -S$（因在原點之下）。並以 (2) 式求出重力位能 U_g。

6. 測量落下時間前先按歸零鍵，然後再按啟動鍵以切斷電磁鐵電源讓鐵球自由落下，讀取數字計時器之時間讀數 t，重複此步驟三次，求取時間平均值 $\bar{t}$，並代入 (4) 式計算球速 v 及動能 $E_k = \frac{1}{2}mv^2$。

7. 起動組不動，改變停止組位置，使兩組之距離每次增加約 15 cm，重複以上步驟。

8. 測量鐵架底部與電磁鐵吸住鐵球下端間的距離 h，並將步驟 5 中之參考原點改選擇在鐵架底部，則高度 y 變為 $y = h - S$，並再計算各組數據之重力位能及機械能總和。

實驗三 機械能守恆原理實驗報告

班級：_____　　組別：_____　　實驗日期：_____

座（學）號：_____　　姓名：_____

同組同學座號及姓名：_____　　評分：_____

實驗數據及結果

一、以電磁鐵吸住鐵球之下端為參考原點

鐵球質量 $m =$ _____　　　　重力加速度理論值 $g =$ _____

次數	落下距離 S (cm)	高度 $y = -S$ (cm)	時間 (sec) t	時間 (sec) 平均值	速率 $v=gt$ (cm/s)	動能 E_k (erg) (1) 式	位能 U_g (erg) (2) 式	機械能總和 E_k+U_g (erg)
1								
2								
3								
4								
5								

二、以鐵架底部為參考原點

　　鐵架底部與電磁鐵吸住鐵球之下端的距離 $h =$ ＿＿＿＿＿＿

　　電磁鐵吸住鐵球之下端的鐵球位能 $mgh =$ ＿＿＿＿＿＿

次數	落下距離 S (cm)	高度 $y = h - S$ (cm)	時間 t (sec) 平均值	速率 $v = gt$ (cm/s)	動能 E_k (erg) (1) 式	位能 U_g (erg) (2) 式	機械能總和 $E_k + U_g$ (erg)
1							
2							
3							
4							
5							

討 論

問題

1. 表 (一) 之機械能總和是否應皆為零？為什麼？
2. 表 (二) 之機械能總和是否應皆為 mgh？為什麼？
3. 本實驗中，鐵球由同一位置自由落下，若選擇不同高度為參考原點，其動能與重力位能是否皆會改變？
4. 自由落體運動之動能與位能如何轉換？
5. 本實驗中，選定參考原點後，鐵球落下之不同高度的機械能總和是否相同？若否，則如何變化？又為什麼會如此變化？

實驗四　單擺實驗

一、目　的

觀察單擺運動，並利用單擺原理測量當地重力加速度。

二、方　法

以支架撐起細線，此線連結一小球，形成一近似單擺的裝置，使小球擺動且擺角小於 5°，測量擺長及擺動週期，以求出當地重力加速度。

三、原　理

理想之單擺是由一條無質量且不可伸縮的細線懸掛一質點所構成的系統，若將質點由平衡處往旁邊拉開一段小位移，然後放手，則此單擺就會以平衡點為中心來回擺動。

實際上我們以一條質量極輕的細線懸掛一質量大但體積小的小球來趨近理想單擺。如圖 4-1 之裝置，單擺擺長 l，小球質量 m，當小球被拉離平衡點一小位移，然後放開時，此球受一恢復力作用而向平衡點 O 運動。恢復力由球受重力 mg 與細線施張力 T 的合力而得，如圖 4-1 所示，小球於 A 點處，細線與鉛直線夾 θ 角，將重力分解成兩互相垂直的分量 $mg \sin \theta$ 及 $mg \cos \theta$，而線之張力 T 恰與 $mg \cos \theta$ 大小相同，方向相反而抵消掉（因小球只沿垂直於細線方向運動）故重力另一分量 $mg \sin \theta$ 為小球受恢復力 F，即

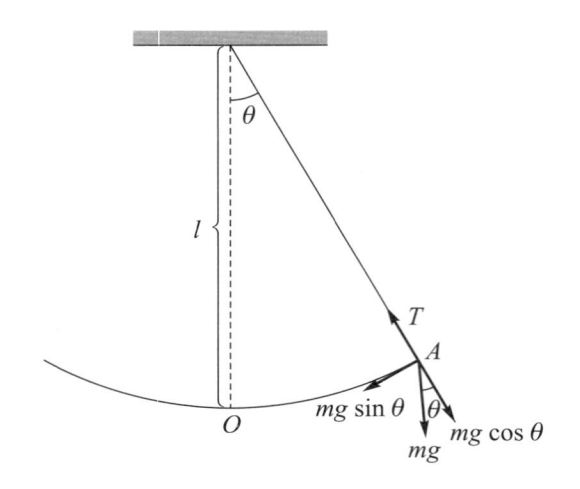

圖 4-1

$$F = -mg \sin \theta \quad \text{...} (1)$$

又 $$F = ma = m\frac{d^2x}{dt^2} \quad \text{...} (2)$$

上二式中，a 為加速度，x 為位移，t 為時間，負號表示位移與恢復力方向相反。當擺角 θ 不大時（5°以內），$\sin \theta \approx \theta$，其中 θ 以弳（rad）為單位。此時弧長 $s = l\theta$，與位移 $x = l \sin \theta$ 也相近，故 $x \approx l\theta$，(1)、(2) 式可改為

$$F = m\frac{d^2x}{dt^2} \simeq -mg\,\theta \simeq -mg\frac{x}{l} = -\left(\frac{mg}{l}\right)x \quad \text{...} (3)$$

從 (3) 式可看出，小球受力大小與位移大小成正比，方向相反，與簡諧運動特性相同。並可解得位移 x 與時間 t 的關係為

$$x = A\cos \omega t \quad \text{...} (4)$$

A 為振幅，即最大位移。而 ω 為角頻率，其值為

$$\omega = \sqrt{\frac{g}{l}} \quad \text{...} (5)$$

則單擺之週期 T 為

$$T = \frac{2\pi}{\omega} = 2\pi\sqrt{\frac{l}{g}} \quad \text{..(6)}$$

由 (6) 式可知單擺週期只與擺長及當地重力加速度相關。若以單擺裝置測量重力加速度，則 (6) 式改為

$$g = \frac{4\pi^2 l}{T^2} \quad \text{..(7)}$$

實驗中，測量擺長與週期即可求出重力加速度。

四、儀器及材料

底座及支柱，支架，米尺，細線，碼錶，待測擺錘（鐵球、銅球、塑膠球）。

五、步　驟

1. 測量待測擺錘質量。
2. 如圖 4-2 之裝置，將底座、支柱與支架組合完成，取長約 120 公分的細線，一端綁在支架上，一端繫住擺錘。
3. 調整擺長（擺長為懸點至擺錘中心的長度）為 100 公分，拉開擺錘，使擺角不大於 5°，鬆手讓其擺動，並在擺錘擺動兩三次後開始計時。記錄來回擺動 20 次的時間 t，重複 3 次。
4. 求出步驟 3 的時間平均值 $\bar{t}$，將 $\bar{t}$ 除以 20，即為週期 T。
5. 將擺長依次調整為 80，60，40，20 公分，並重複步驟 3 及 4。
6. 更換不同材料之擺錘，重複以上步驟。

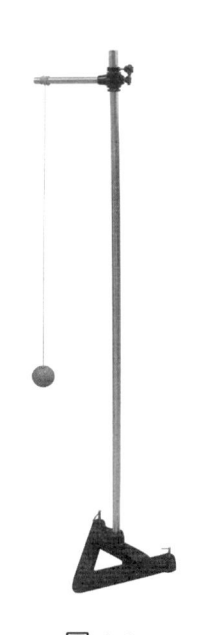

圖 4-2

實驗四

單擺實驗報告

班級：＿＿＿＿＿＿＿＿　組別：＿＿＿＿＿＿＿＿　實驗日期：＿＿＿＿＿＿＿＿

座（學）號：＿＿＿＿＿＿＿＿＿＿　姓名：＿＿＿＿＿＿＿＿＿＿＿

同組同學座號及姓名：＿＿＿＿＿＿＿＿＿＿　評分：＿＿＿＿＿＿＿＿

實驗數據及結果

一、鐵　球

　　當地重力加速度 $g =$ ＿＿＿＿＿＿

　　鐵球質量 $m =$ ＿＿＿＿＿＿

次數	擺長 l (cm)	擺動20次之時間 (sec) 1	2	3	平均值 $\bar{t}$	週期 T (sec)	T^2 (sec²)	重力加速度 g (cm/s²) (7) 式
1	100							
2	80							
3	60							
4	40							
5	20							

　　　　　　　　　　　　　　　　　　　　　　　g 平均值 ＿＿＿

　　　　　　　　　　　　　　　　　　　　　　　百分誤差 ＿＿＿

二、銅 球

銅球質量 $m =$ _____

| 次數 | 擺長 l (cm) | 擺動 20 次之時間 (sec) ||| 週期 T (sec) | T^2 (sec^2) | 重力加速度 g (cm/s^2) (7) 式 |
		1	2	3	平均值 $\bar{t}$			
1	100							
2	80							
3	60							
4	40							
5	20							

g 平均值 ____

百分誤差 ____

三、塑膠球

塑膠球質量 $m =$ _____

| 次數 | 擺長 l (cm) | 擺動 20 次之時間 (sec) ||| 週期 T (sec) | T^2 (sec^2) | 重力加速度 g (cm/s^2) (7) 式 |
		1	2	3	平均值 $\bar{t}$			
1	100							
2	80							
3	60							
4	40							
5	20							

g 平均值 ____

百分誤差 ____

討論

問題

1. 以擺長 l 為縱軸，週期平方 T^2 為橫軸，繪出不同擺錘之 $l - T^2$ 關係圖，並解釋此圖之意義。
2. 由理論及實驗結果各別判斷，擺錘質量是否會影響所測週期？
3. 擺長之測量為何要由懸點量至擺錘質量中心？
4. 推導角頻率如何等於 $\sqrt{\dfrac{g}{l}}$ ？

物理實驗

實驗五　力的合成與分解實驗

一、目　的

研究力的向量性質。

二、方　法

利用調整水平的力桌裝置，將小圓環套於力桌中心柱上，此環連結數條細線，各線另一端跨過滑輪加掛砝碼，調整各線位置，使環圓心與力桌圓心重合，即達成力的平衡。此時其中某線砝碼所施重力，與其他各線所施重力的合力大小相等，方向相反。

三、原　理

力為一種向量，當物體受一外力 F 作用，會往外力方向改變速度，若此時施另一外力 F'，其作用點與 F 同，且與 F 大小相同，方向相反，則物體所受合力為零，就不會改變其運動狀態，如圖 5-1 所示。此時若物體保持靜止則稱處於靜力平衡。

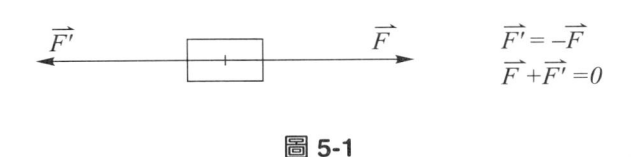

$$\vec{F'} = -\vec{F}$$
$$\vec{F} + \vec{F'} = 0$$

圖 5-1

(一) 向量的分解

從上面所述現象可瞭解力是有方向性的，任何須考慮方向的物理量均稱為向量。向量運算法則與純量不同，以加法為例：若一物同時受數力作用，則須用向量加法求合力，一般可用繪圖法及向量分解法來求。向量之分解，常以直角座標來分解，又若各向量皆在同一平面上，則只須將向量分解成兩分量。如圖 5-2 所示，向量 $\vec{F}$ 與 x 軸夾 θ 角，其在 x 方向的分量 F_x 及 y 方向的分量 F_y 各為

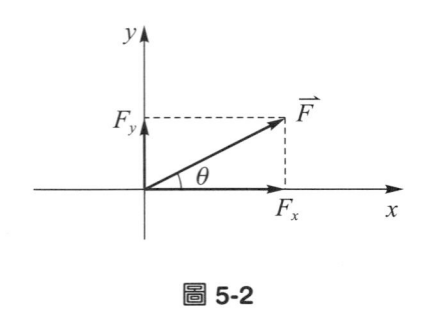

$$F_x = F \cos \theta \quad \cdots \cdots (1)$$

$$F_y = F \sin \theta \quad \cdots \cdots (2)$$

而 $\vec{F} = F_x \hat{i} + F_y \hat{j}$

$$= F \cos \theta \hat{i} + F \sin \theta \hat{j} \quad \cdots \cdots (3)$$

圖 5-2

(3) 式中，$\hat{i}$ 為 x 方向單位向量，$\hat{j}$ 為 y 方向單位向量。若 $\vec{F}$ 要與另一向量 $\vec{A}$ 相加，須將 $\vec{A}$ 也分解成 $A_x \hat{i}$ 及 $A_y \hat{j}$，則

$$\vec{F} + \vec{A} = (F_x + A_x)\hat{i} + (F_y + A_y)\hat{j} \quad \cdots \cdots (4)$$

(二) 三力平衡（二力合成）

當物體受兩力或更多力作用，且各力作用交於一點時，可將此物視為一質點，不須考慮旋轉問題，此質點受各力作用之合力，需用向量的合成方法求得。如圖 5-3 所示，一原先靜止的質點受二力 $\vec{F}_1$ 及 $\vec{F}_2$ 作用，以平行四邊形法求其合力為 $\vec{R}$，若想讓此質點保持靜止狀態，則需再施一力 $\vec{F}_3$，$\vec{F}_3$ 與 $\vec{R}$ 大小要相等，方向相反，質點所受合力即為零，此時稱其處於三力平衡狀態。若用直角座標分解向量則

$$\vec{F}_1 = F_{1x} \hat{i} + F_{1y} \hat{j} = F_1 \cos \theta_1 \hat{i} + F_1 \sin \theta_1 \hat{j}$$

$$\vec{F}_2 = F_{2x} \hat{i} + F_{2y} \hat{j} = F_2 \cos \theta_2 \hat{i} + F_2 \sin \theta_2 \hat{j}$$

$$\vec{R} = R_x \hat{i} + R_y \hat{j} = R \cos \theta \hat{i} + R \sin \theta \hat{j}$$

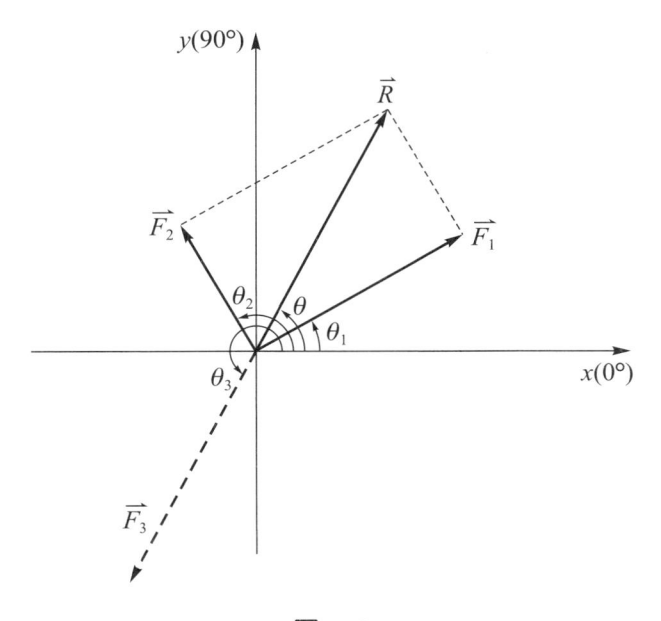

圖 5-3

$$R_x = F_{1x} + F_{2x} = F_1 \cos\theta_1 + F_2 \sin\theta_2 = R\cos\theta \quad \text{...............................} (5)$$

$$R_y = F_{1y} + F_{2y} = F_1 \sin\theta_1 + F_2 \sin\theta_2 = R\sin\theta \quad \text{...............................} (6)$$

$$R = \sqrt{R_x^2 + R_y^2} \quad \text{...} (7)$$

$$\theta = \tan^{-1}(R_y / R_x) \quad \text{...} (8)$$

而 $\vec{F}_1 + \vec{F}_2 + \vec{F}_3 = 0$ 即 $\vec{R} + \vec{F}_3 = 0 \Rightarrow \vec{F}_3 = -\vec{R}$

$$\vec{F}_3 = F_{3x}\hat{i} + F_{3y}\hat{j} = F_3 \cos\theta_3 \hat{i} + F_3 \sin\theta_3 \hat{j}$$

故　$F_3 \cos\theta_3 = -R\cos\theta$

　　$F_3 \sin\theta_3 = -R\sin\theta$

得　$F_3 = R$; $\theta_3 = \theta + 180°$ .... (9)

上列各式中，θ_1、θ_2、θ_3 及 θ 為 $\vec{F}_1$、$\vec{F}_2$、$\vec{F}_3$ 及 $\vec{R}$ 與 x 軸之夾角。

(三) **四力平衡（三力合成）**

若質點受四力作用仍靜止，則質點處於四力平衡狀態。如圖 5-4 所示，一質點

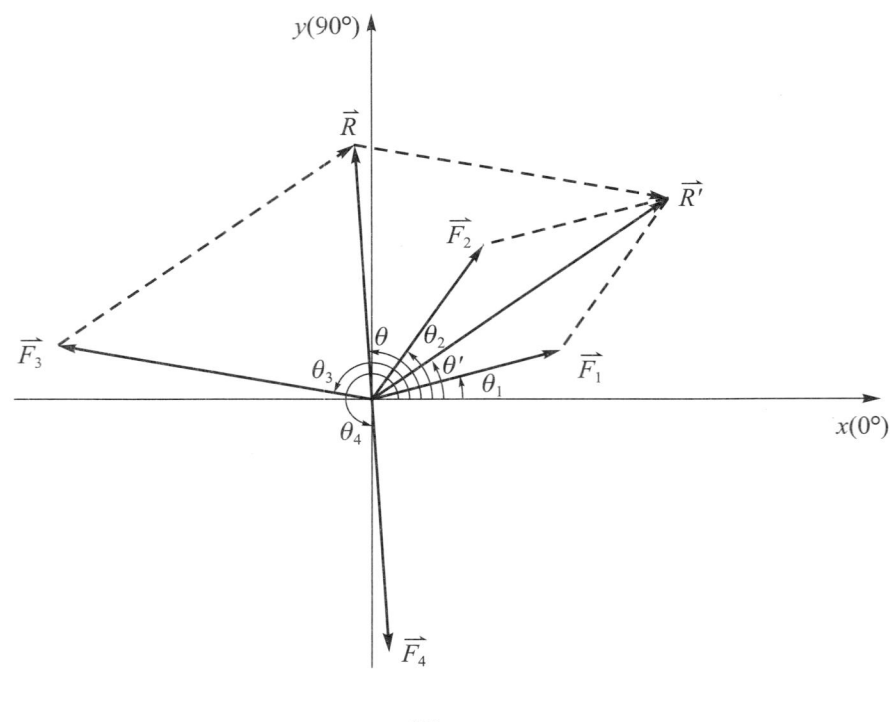

圖 5-4

受 $\vec{F_1}$、$\vec{F_2}$、$\vec{F_3}$ 及 $\vec{F_4}$ 四力作用，用平行四邊形法求得 $\vec{F_1}$ 及 $\vec{F_2}$ 之合力 $\vec{R'}$，再找出 $\vec{R'}$ 與 $\vec{F_3}$ 之合力 $\vec{R}$，而 $\vec{F_4}$ 與 $\vec{R}$ 大小相同，方向相反，故四力合力為零。若用向量分解法，則可得

$$\vec{F_1} + \vec{F_2} + \vec{F_3} = \vec{R} \; ; \; \vec{R} + \vec{F_4} = 0$$

$$R_x = F_1 \cos\theta_1 + F_2 \cos\theta_2 + F_3 \cos\theta_3 = R\cos\theta \quad\quad\quad (10)$$

$$R_y = F_1 \sin\theta_1 + F_2 \sin\theta_2 + F_3 \sin\theta_3 = R\sin\theta \quad\quad\quad (11)$$

$$R = \sqrt{R_x^2 + R_y^2} \; ; \; \theta = \tan^{-1}(R_y / R_x)$$

而 $\vec{R} = -\vec{F_4}$

$$\therefore F_4 \cos\theta_4 = -R\cos\theta$$

$$F_4 \sin\theta_4 = -R\sin\theta$$

得 $\quad F_4 = R \; ; \; \theta_4 = \theta + 180°$ $\quad\quad\quad (12)$

上列各式中，θ_1、θ_2、θ_3、θ_4 及 θ 各為 $\vec{F}_1$、$\vec{F}_2$、$\vec{F}_3$、$\vec{F}_4$ 及 $\vec{R}$ 與 x 軸之夾角。

若有更多力作用於質點上且保持靜力平衡，則同上法類推。

四、儀器及材料

水平儀，力桌（刻度盤、底座、支柱及中心柱），滑輪 4 個，鉤盤 4 個，砝碼數個，小圓環，細線，量角器及方格紙數張。

五、步　驟

1. 將水平儀放在力桌上，調整力桌底座之螺絲使水平儀內氣泡於中央，即為桌面水平。將連結四條細線的小圓環套在中心柱上，其裝置如圖 5-5 所示。

(一) 三力平衡（二力之合成）

2. 將第一個滑輪固定於桌緣，使滑輪凹槽對準力桌刻度 0°，取連接圓環細線之一條跨過滑輪，線另端繫上鉤盤並放上砝碼使總重為 60 克重，是為 $\vec{F}_1$。
3. 同步驟 2 將第二滑輪固定於 90°，鉤盤加砝碼重為 80 克重，是為 $\vec{F}_2$。
4. 以每公分代表 10 克重的力，在方格紙上畫出二力的向量圖，並以平行四邊形法畫出合力 $\vec{R}$，量出其大小及方向角。
5. 將第三滑輪固定於步驟 4 所求出的合力方向相反處，在鉤盤上加砝碼，使總重

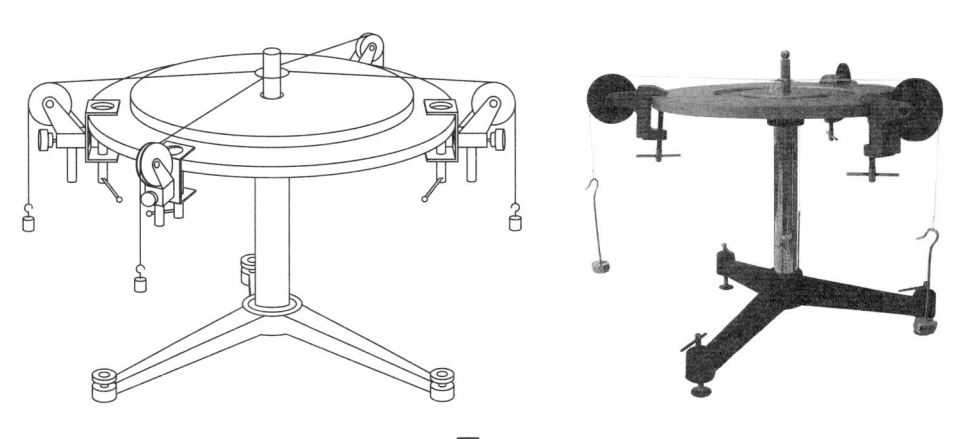

圖 5-5

為合力大小，檢查此時圓環圓心是否與中心柱重合。若是，則圓環即處於靜力平衡狀態；若否，則調整滑輪位置或砝碼重量，使圓環圓心落於中心柱上，並記錄重量及角度，是為 F_3。

6. 改變第一滑輪於 30° 位置，鈎盤加砝碼重為 40 克重；第二滑輪於 150° 之位置，鈎盤加砝碼重為 40 克重，重複步驟 2 至 5。
7. 將三組滑輪任意變動位置，並調整砝碼重，直到圓環處於平衡狀態，記錄各滑輪所掛重量及角度。
8. 計算以上各組數據之合力 $\bar{R}$ 理論值（利用公式 (5)～(8)），並與 F_3 實驗值比較。

(二) 四力平衡（三力合成）

9. 如步驟 2 將第一滑輪固定於 0° 之位置，鈎盤加砝碼重 40 克重，是為 F_1；第二滑輪固定於 60° 的位置，鈎盤加砝碼 60 克重，是為 F_2；第三滑輪固定於 90° 位置，鈎盤加砝碼 80 克重，是為 F_3。
10. 同步驟 4 在方格紙上畫三力之合力 $\bar{R}$，並測量其大小及方向角 θ。
11. 同步驟 5 將第四滑輪固定於合力方向相反處，並加掛砝碼使重量為合力大小，檢查是否圓心重合，並調整滑輪位置、重量，記錄為 F_4。
12. 改變第一滑輪於 30° 位置，重量為 80 克重；第二滑輪於 45° 位置，重量為 40 克重；第三滑輪於 120° 位置，重量為 60 克重，重複步驟 10 及 11。
13. 將四組滑輪任意變動位置，並調整砝碼重，直到圓環處於平衡狀態，記錄各滑輪所掛重量及角度。
14. 利用公式 (7)、(8)、(10) 及 (11) 計算以上各組數據之 F_1、F_2 及 F_3 之合力 $\bar{R}$ 的理論值，並與 F_4 實驗值比較。

(三) 力之分解

15. 如圖 5-6 所示，以刻度盤 0° 為正 x 軸方向，90° 為正 y 軸方向，180° 及 270° 則為負 x 及負 y 軸方向。將第一滑輪固定於 30°，使鈎盤與砝碼總重 100 克重，是為 F。將第二滑輪固定於 180° 位置，第三滑輪固定於 270° 位置，在兩滑輪所對應之鈎盤上加掛砝碼，調整砝碼重量至小圓環圓心與中心柱重合，記

圖 5-6

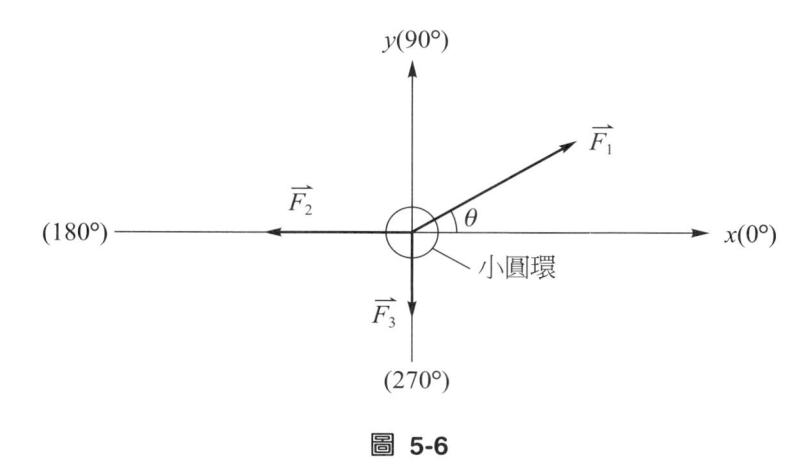

錄此時第二滑輪上鉤盤加砝碼重為 $\vec{F}_2$，第三滑輪上鉤盤加砝碼重為 $\vec{F}_3$。利用公式 (1)、(2) 計算第一滑輪 $\vec{F}$ 的 F_x 及 F_y 兩分量大小，並將 F_2 與 F_x 比較，F_3 與 F_y 比較。

16. 改變第一滑輪位置於 53°，重量仍為 100 克重。第二及第三滑輪仍固定於 180° 及 270° 之位置，重複步驟 15。
17. 改變第一滑輪位置於 120°，重量改為 120 克重。第二滑輪改固定於 0°，第三滑輪仍於 270° 位置，重複以上步驟。
18. 改變第一滑輪於 135° 之位置，重量仍為 120 克重。第二及第三滑輪仍固定於 0° 及 270° 位置，重複上述步驟。

實驗五

力的合成與分解實驗報告

班級：＿＿＿＿＿＿＿　　組別：＿＿＿＿＿＿＿　　實驗日期：＿＿＿＿＿＿＿

座（學）號：＿＿＿＿＿＿＿＿＿＿　　姓名：＿＿＿＿＿＿＿＿＿＿＿＿

同組同學座號及姓名：＿＿＿＿＿＿＿＿＿＿　　評分：＿＿＿＿＿＿＿＿＿

實驗數據及結果

一、三力平衡（二力合成）

		1	2	3
第一滑輪 $\vec{F}_1$	F_1（gw）			
	θ_1			
第二滑輪 $\vec{F}_2$	F_2（gw）			
	θ_2			
$\vec{F}_1$、$\vec{F}_2$ 合力 $\vec{R}$	R_X（gw）(5) 式			
	R_Y（gw）(6) 式			
	R（gw）(7) 式			
	θ (8) 式			
	θ' （當 θ 為正，$\theta' = \theta + 180°$） （當 θ 為負，$\theta' = \theta + 360°$）			
第三滑輪 $\vec{F}_3$	F_3（gw）			
	θ_3			
F_3 百分誤差（％）以 R 為理論值				
θ_3 百分誤差（％）以 θ' 為理論值				

由上表數據，利用方格紙畫圖，將各組數據之 $\vec{F}_1$、$\vec{F}_2$ 及合力 $\vec{R}$ 畫出，圖形類似圖 5-3。

二、四力平衡（三力合成）

		1	2	3
第一滑輪 $\vec{F}_1$	F_1（gw）			
	θ_1			
第二滑輪 $\vec{F}_2$	F_2（gw）			
	θ_2			
第三滑輪 $\vec{F}_2$	F_2（gw）			
$\vec{F}_1$、$\vec{F}_2$、$\vec{F}_3$ 合力 $\vec{R}$	R_X（gw）(10) 式			
	R_Y（gw）(11) 式			
	R（gw）(7) 式			
	θ (8) 式			
	θ' （當 θ 為正，$\theta' = \theta + 180°$） （當 θ 為負，$\theta' = \theta + 360°$）			
第四滑輪 $\vec{F}_4$	F_4（gw）			
	θ_4			
F_4 百分誤差（%） 以 R 為理論值				
θ_4 百分誤差（%） 以 θ' 為理論值				

由上表數據，利用方格紙畫圖，將各組數據之 $\vec{F}_1$、$\vec{F}_2$、$\vec{F}_3$ 及合力 $\vec{R}$ 畫出，圖形類似圖 5-4。

三、力之分解

力 \ 次數		1	2	3	4
第一滑輪 $\vec{F}$	F（gw）	100	100	120	120
	θ	30°	53°	120°	135°
	F_x（gw）(1) 式				
	F_y（gw）(2) 式				
第二滑輪 $\vec{F_2}$	F_2（gw）				
	θ_2	180°	180°	0°	0°
第三滑輪 $\vec{F_3}$	F_3（gw）				
	θ_3	270°	270°	270°	270°
以 F_x 為理論值 F_2 之百分誤差					
以 F_y 為理論值 F_3 之百分誤差					

討論

問題

1. 若本實驗中,各力不計入鈎盤重,則平衡是否仍成立?為什麼?
2. 若實驗中細線不跨過滑輪,而直接接觸力桌面,會有什麼影響?
3. 試說明實驗第一部分之三力平衡與二力合成之關係?
4. 在力之分解實驗中,實驗結果之 F_2 與 F_x 比較,F_3 與 F_y 比較,是否相同?為什麼?又本部分之實驗設計與三力平衡有何關連?
5. 在力之分解實驗中,為何 F 之位置於 30° 及 53° 時,第二滑輪應固定於 180°,而 F 之位置於 120° 及 135° 時,第二滑輪改固定於 0°。
6. 就你所知道的,有那些物理量為向量?

實驗五　力的合成與分解實驗報告

物理實驗

實驗六　摩擦係數實驗

一、目　的

測量兩物體間接觸面的摩擦係數。

二、方　法

利用斜面和光電計時裝置，將物塊置於斜面上，改變斜面傾斜角度，觀察物塊開始下滑時的斜角，即可量得靜摩擦係數 μ_s。而動摩擦係數 μ_k 之量取，則測量物塊在某斜角下滑後之距離與時間，算出下滑加速度，即可求動摩擦係數。

三、原　理

從牛頓第二運動定律中，我們知道要改變物體的運動狀態，需施外力作用。但在一般情況下，要讓靜置於平面上質量為 m 的物體開始運動，施外力 F 不一定能使物體移動，若運動了，其加速度也小於預期值 F/m。顯然，有另一力阻礙物體的運動，此力稱為摩擦力，依物體運動狀態而區分為靜摩擦力及動摩擦力。

如圖 6-1 所示，當質量為 m 的物體受水平外力 F 往右拉仍保持不動，則摩擦力 $\vec{f}$ 為靜摩擦力。此時，$\vec{f}$ 與 F 大小相等，方向相反，若欲使物體運動，則須加大外力，當物體剛要滑動之際，靜摩擦力為最大值，稱為最大靜摩擦力 $\vec{f}_s$，其大小 f_s 和正向力 N 成正比，並與接觸面性質相關，其關係式為：

$$f_s = \mu_s N \tag{1}$$

圖 6-1

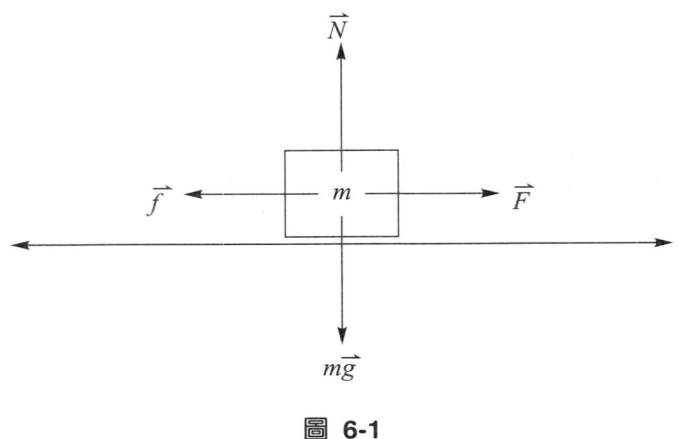

式中 μ_s 為靜摩擦係數，表示接觸面性質。

在圖 6-1 中，若物體在運動當中，則其所受摩擦力稱為動摩擦力，以 $\vec{f}_k$ 表示，其大小也和正向力成正比，且與接觸面性質亦相關，關係式為：

$$f_k = \mu_k N \quad \text{...} (2)$$

式中 μ_k 稱為動摩擦係數。若運動過程中，μ_k 及 N 不改變，則 f_k 為一定力作用。

本實驗藉由物體在斜面上滑動情形來測量 μ_s 及 μ_k。如圖 6-2 所示，質量 m 的物體置於可調整斜角 θ 的斜面上，將斜角慢慢加大，當物體剛要滑動時，物體所受重力 $m\vec{g}$，正向力 $\vec{N}$ 及最大靜摩擦力 $\vec{f}_s$，恰為平衡，即

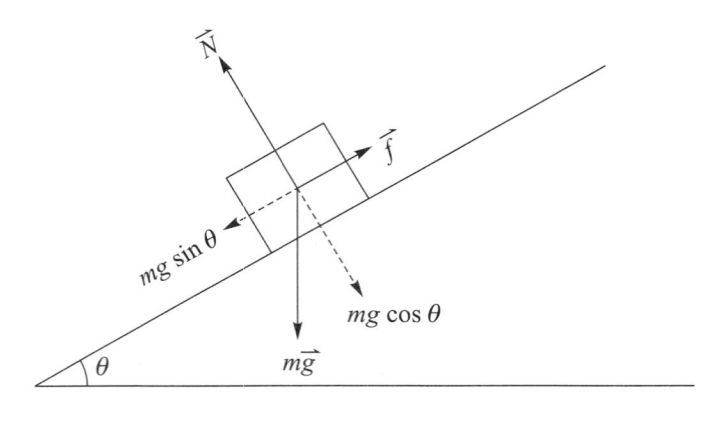

圖 6-2

$$m\vec{g} + \vec{N} + \vec{f}_s = 0 \quad \text{...} (3)$$

此時斜角稱為靜摩擦角 θ_s，另將重力分解為平行斜面方向分量 $mg\sin\theta_s$ 及垂直斜面方向分量 $mg\cos\theta_s$，則 (3) 式可改為分量式

$$f_s = mg\sin\theta_s \quad \text{...} (4)$$

$$N_s = mg\cos\theta_s \quad \text{...} (5)$$

上二式相除，並代入 (1) 式，可得

$$\frac{f_s}{N} = \tan\theta_s = \mu_s \quad \text{...} (6)$$

故測量物體將要滑動時之 θ_s，即可代入 (6) 式求 μ_s。

物體滑動後，將斜角調整至物體作等速下滑運動，此時重力、正向力及動摩擦力 $\vec{f}_k$，三力亦平衡，斜角則稱動摩擦角 θ_k，同理可得

$$f_k = mg\sin\theta_k$$

$$N = mg\cos\theta_k$$

$$\frac{f_k}{N} = \tan\theta_k = \mu_k \quad \text{...} (7)$$

一般而言，實驗時不容易判斷物體是否作等速度運動，所以，我們利用物體作等加速度運動來測量 μ_k。將斜角 θ 調整略大於 θ_s，此時在接觸性質及正向力不變下，物體置於斜面上會做等加速下滑運動，若其加速度大小為 a，則

$$mg\sin\theta - f_k = ma \quad \text{...} (8)$$

$$mg\sin\theta - \mu_k mg\cos\theta = ma \quad \text{...} (9)$$

得
$$\mu_k = \frac{g\sin\theta - a}{g\cos\theta} \quad \text{...} (10)$$

加速度 a 之大小，由觀察從開始下滑至測量位置的距離 S 和時間 t 求得

$$S = \frac{1}{2}at^2$$

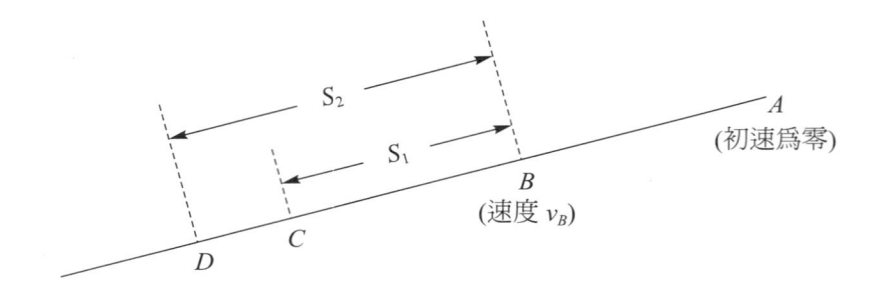

圖 6-3

$$a = \frac{2S}{t^2} \quad \text{..(11)}$$

另外，也可由間接方法測 a 值，如圖 6-3 所示，圖中表示物體在斜面上作等加速度下滑的軌跡。當物體由 A 點開始下滑，經 B 點時有速度 v_B，測量 B 至 C、D 點的距離 S_1 及 S_2，時間 t_1 及 t_2，其關係式為

$$S_1 = v_B t_1 + \frac{1}{2} a t_1^2 \quad \text{..(12)}$$

$$S_2 = v_B t_2 + \frac{1}{2} a t_2^2 \quad \text{..(13)}$$

將 (12)、(13) 二式中的 v_B 消去，可得

$$a = \frac{2(S_2 t_1 - S_1 t_2)}{t_2 t_1 (t_2 - t_1)} \quad \text{..(14)}$$

四、儀器及材料

斜面裝置（斜面板座、升降器、量角器、鉛錘及電磁鐵），光電計時裝置（數字計時器、光電管含發射管及檢測管、十字接頭、連接線及支架），米尺，待測滑體。

五、步　驟

I、靜摩擦係數

1. 將斜面及各待測滑體表面擦拭乾淨。

2. 將斜面放平，使斜角為零，即呈水平狀態。將待測滑體置於斜面上端，靠近電磁鐵處。
3. 慢慢升高斜面，直到滑體將要滑動時停止，測量其斜角，是為靜摩擦角 θ_s。重複本步驟三次，求出 θ_s 平均值，並利用公式 (6) 求靜摩擦係數 μ_s。
4. 更換不同滑體，重複以上步驟。

II、動摩擦係數

(一) 以 (11) 式求加速度 a

1. 調整斜面之斜角 θ，使其稍大於靜摩擦角 θ_s，並固定斜面。裝置光電計時器於適當位置。
2. 放置滑體於斜面上端，並打開電磁鐵電源以吸住滑體。
3. 將光電管之起動組按裝於滑體剛要下滑時就感應的位置，停止組放置於起動組下方約 25 公分處，是為下滑距離 S，如圖 6-4 所示。
4. 選擇適當之計時功能，測量前先歸零，再按啟動鍵測量滑體下滑時間 t（t 量三次取平均值）。利用 (11) 式求加速度 a，再代入 (10) 式計算動摩擦係數 μ_k。
5. 移動停止組以改變下滑距離 S，但起動組不動，每次增加 5 公分，重複以上步驟。
6. 改變傾斜角度，每次增加 5°，並固定下滑距離 S 為 35 公分，重複以上步驟測量 μ_k，並將各次量得之 μ_k 平均之。

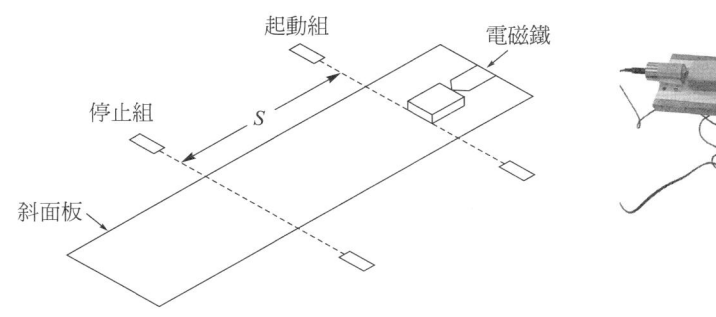

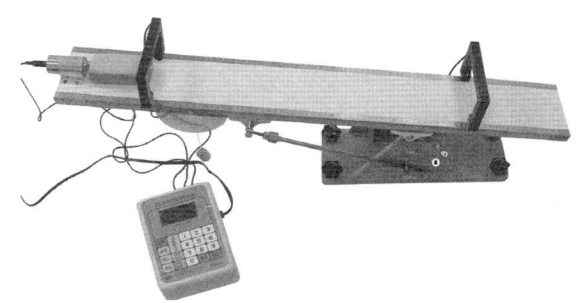

圖 6-4

7. 更換不同待測滑體，重複以上步驟。

(二) 以 (14) 式求加速度 a

8. 同步驟 1 至 3，但將起動組移至離滑體下方約 5 公分處，如圖 6-3 之 B 點（圖 6-3 A 點即為未滑動之滑體的下側面位置），並調整停止組位置至 C 點，測量停止組與起動組之間距離為 S_1。選擇適當計時功能，測量滑體經過兩組的時間為 t_1（t_1 量三次取平均值）。

9. 起動組不動且斜角不變，只調整停止組至另一位置 D 點，並測量此時兩組之距離 S_2，及滑體經過時間 t_2（t_2 量三次取平均值），利用 (14) 式求加速度 a，再代入 (10) 式計算動摩擦係數 μ_k。

10. 重新調整起動組及停止組的位置，重複步驟 8 及 9 三次，求出各次 μ_k 值，並平均之。

11. 更換不同待測滑體，重複以上步驟。

實驗六　摩擦係數實驗報告

摩擦係數實驗報告

班級：＿＿＿＿＿＿＿　　組別：＿＿＿＿＿＿＿　　實驗日期：＿＿＿＿＿＿＿

座（學）號：＿＿＿＿＿＿＿＿＿　　姓名：＿＿＿＿＿＿＿＿＿＿＿

同組同學座號及姓名：＿＿＿＿＿＿＿＿＿　　評分：＿＿＿＿＿＿＿＿＿

實驗數據及結果

一、靜摩擦係數

待測物	靜摩擦角 θ_s				靜摩擦係數 μ_s (6) 式
	1	2	3	平均	

二、動摩擦係數

Ⅰ、以 (11) 式求 a

待測物	次數	斜角 θ	距離 S (cm)	時間 (sec) t	時間 (sec) t 平均值	加速度 a (cm/s²) (11) 式	動摩擦係數 μ_k (10) 式	動摩擦係數 μ_k 平均值
	1							
	2							
	3							
	1							
	2							
	3							

II、以 (14) 式求 a

待測物	次數	斜角 θ	距離 (cm) S_1	距離 (cm) S_2	時間 (sec) t_1	t_1 平均值	時間 (sec) t_2	t_2 平均值	加速度 a (cm/s^2) (14) 式	動摩擦係數 μ_k (10) 式	平均值
	1										
	2										
	3										
	1										
	2										
	3										

討 論

問 題

1. 由實驗結果判斷同一接觸面的靜摩擦係數 μ_s 和動摩擦係數 μ_k 之大小關係為何？
2. 若同樣的接觸面，其 $\mu_s < \mu_k$，合不合理？為什麼？
3. 由實驗結果分析，斜角 θ 是否會影響 μ_k 值？從理論分析，斜角是否會影響 μ_k 值？實驗與理論是否相配合？若不配合，試想為什麼？
4. 靜摩擦力與動摩擦力是否都會隨著外力改變大小？若否，何者改變，而何者不變？

實驗七 碰撞儀實驗

一、目　的

研究兩物體作一維碰撞前後，系統總動量及總動能是否守恆，並由動能損失情形或彈性恢復係數，判別碰撞種類。

二、方　法

利用碰撞儀，測量大球及小球碰撞前後與鉛直線夾角的變化，並將夾角換算成速度，即可計算碰撞前後，系統總動量及總動能的改變量。

三、原　理

一質量為 m 的物體，其速度為 $\vec{V}$，則動量 $\vec{P}$ 之定義

$$\vec{P} = m\vec{V} \tag{1}$$

動能 K 的定義為

$$K = \frac{1}{2}mV^2 \tag{2}$$

在無外力作用下，物體速度不改變，則動量及動能也不變化。在一由兩個或更多物體組成的系統中，若無系統外之力作用其上，則系統總動量恆為定值，此稱為動量守恆原理。但總動能卻不一定守恆，因動能可轉換為其他能量形式，但總能量是守恆的。本實驗藉由觀察系統內兩個物體（大球及小球）作一維碰撞，研究碰撞

前後系統總動量及總動能的變化。

假設大球質量 m_1，以速度 V_1，撞擊質量 m_2，速度 V_2 的小球，兩者撞後速度變為 u_1 及 u_2，則撞前系統總動量

$$P_{前} = m_1V_1 + m_2V_2 \quad\quad\quad\quad\quad\quad\quad\quad\quad\quad\quad\quad\quad (3)$$

撞後系統總動量

$$P_{後} = m_1u_1 + m_2u_2 \quad\quad\quad\quad\quad\quad\quad\quad\quad\quad\quad\quad\quad (4)$$

根據牛頓第三運動定律及碰撞作用力為系統內力，可得

$$m_1V_1 + m_2V_2 = m_1u_1 + m_2u_2 \quad\quad\quad\quad\quad\quad\quad\quad\quad (5)$$

此為動量守恆原理，即系統無外力作用，撞前總動量等於撞後總動量。

撞前系統總動能

$$K_{前} = \frac{1}{2}m_1V_1^2 + \frac{1}{2}m_2V_2^2 \quad\quad\quad\quad\quad\quad\quad\quad\quad\quad (6)$$

撞後系統總動能

$$K_{後} = \frac{1}{2}m_1u_1^2 + \frac{1}{2}m_2u_2^2 \quad\quad\quad\quad\quad\quad\quad\quad\quad\quad (7)$$

若兩物體作彈性碰撞則前後動能相等，故無動能損失。但若為非彈性碰撞，則會有動能損失，因此我們可由碰撞後之動能損失率判斷物體作何種碰撞。動能損失率 S 為

$$S = \frac{碰撞前總動能 - 碰撞後總動能}{碰撞前總動能} \times 100\% \quad\quad\quad\quad (8)$$

當 $S = 0$，則作彈性碰撞。$S \neq 0$，則作非彈性碰撞，而完全非彈性碰撞之 S 為最大值。

另有一種方法，也可用來判斷物體作何種碰撞，及計算二物碰撞前後之速度差的比值，此比值稱為碰撞之彈性恢復係數 e，關係式為

$$e = \frac{碰撞後兩物相遠離的速度差}{碰撞前兩物相接近的速度差} = \left|\frac{u_2 - u_1}{V_1 - V_2}\right| \quad\quad\quad (9)$$

當 $e = 1$，兩物作彈性碰撞。$e = 0$，則作完全非彈性碰撞。而 $0 < e < 1$，則作非

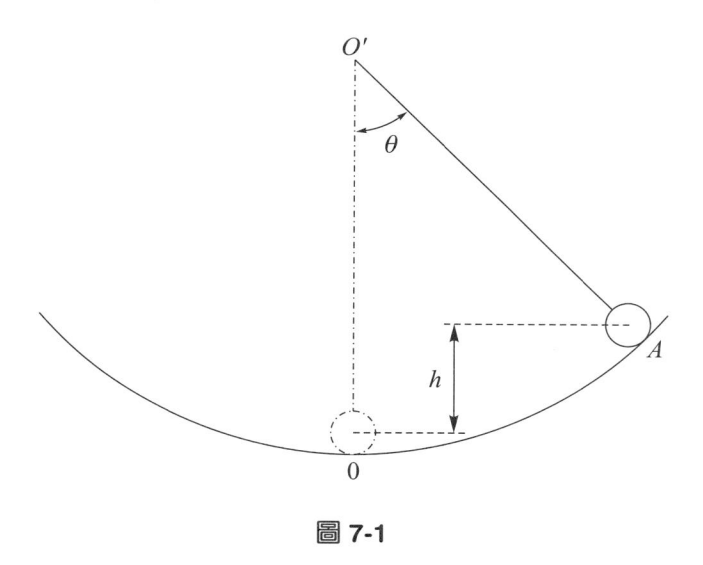

彈性碰撞。

本實驗所使用的碰撞儀，令 $V_2 = 0$（小球撞前靜止），且 V_1、u_1 及 u_2 等量由機械能守恆原理來求出。

如圖 7-1 所示，球從 A 點由靜止釋放落至 0 點時，球之速度為 V，由機械能守恆原理 $mgh = \frac{1}{2}mV^2$ 可得 $V = \sqrt{2gh}$；又 $h = R - R\cos\theta$，所以

$$V = \sqrt{2gR(1-\cos\theta)} \quad \cdots\cdots\cdots\cdots\cdots\cdots\cdots\cdots\cdots\cdots\cdots\cdots\cdots\cdots\cdots\cdots\cdots (10)$$

如圖 7-2(a) 所示，碰撞前先量取 m_1 輕輕接觸到 m_2 時的夾角 θ_D。如圖 7-2(b) 所示，碰撞前 m_2 為靜止在 0 點，m_1 從 A 點靜止放下，在 D 點開始與 m_2 發生碰撞，故 m_1 接觸到 m_2 時，m_1 速度 V_1 可由 $mg(h_A - h_D) = \frac{1}{2}m_1V_1^2$ 求出

$$V_1 = \sqrt{2g(h_A - h_D)} = \sqrt{2gR(\cos\theta_D - \cos\theta_A)} \quad \cdots\cdots\cdots\cdots\cdots\cdots\cdots (11)$$

碰撞後如圖 7-3 所示，m_2、m_1 上升之位置 C、B，量取與鉛垂線夾角 θ_C、θ_B 以求出 m_2、m_1 碰撞後速度 u_1 及 u_2，故可得

$$u_1 = \sqrt{2gR(\cos\theta_D - \cos\theta_B)} \quad \cdots\cdots\cdots\cdots\cdots\cdots\cdots\cdots\cdots\cdots\cdots\cdots (12)$$

$$u_2 = \sqrt{2gR(1 - \cos\theta_C)} \quad \cdots\cdots\cdots\cdots\cdots\cdots\cdots\cdots\cdots\cdots\cdots\cdots\cdots\cdots (13)$$

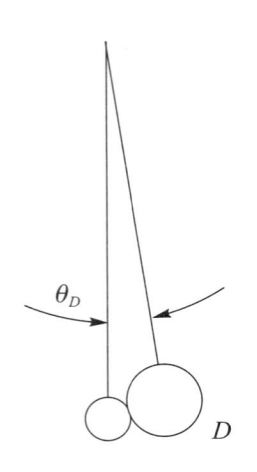

(a) θ_D 之量取
小球鉛直置放，右手抓住大球，使得大球恰輕觸到小球，此時夾角 θ_D

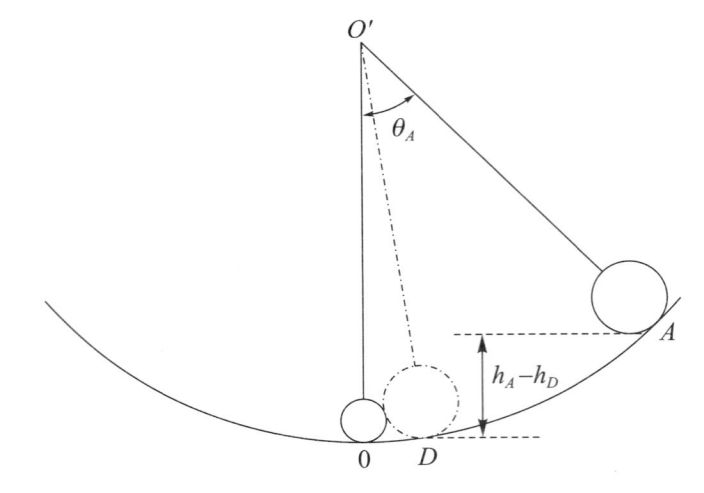

(b) θ_A 之量取
小球鉛直置放，右手抓住大球，固定在某角度，此時夾角 θ_A

圖 7-2

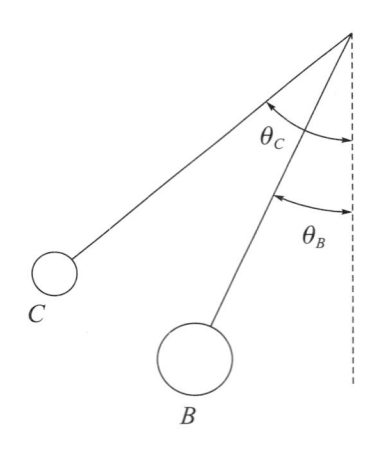

兩球相撞後，所及之最高點分別為 B、C，此時之夾角為 θ_B、θ_C

圖 7-3

四、儀器及材料

碰撞儀（支架、底座、量角器），釣魚線，大小鐵球各一。

五、步　驟

1. 調整碰撞儀，使其水平。

2. 用天平測量大球質量 m_1 及小球質量 m_2。
3. 根據曲尺曲率半徑 R_0，調整曲尺高度，使得曲尺零點到擺錘支點（頂點）間距離等於 R_0。
4. 調節兩球之擺長同為 R（最好稍短於碰撞儀上曲尺之曲率半徑 R_0，以便觀察），使兩球球心能在同一軌跡上，並量得 R 長（R 為支點至球中心的距離）。
5. 調整曲尺方向，使小球平衡點落在曲尺零點上 (此時大球應抓起)。
6. 將大球移到與小球輕輕接觸，如圖 7-2(a) 中 O、D 位置，量出兩球夾角 θ_D。
7. 使小球保持靜止於零點上（即令 $V_2 = 0$），移動大球至如圖 7-2(b) 中 A 位置，記錄兩球夾角 θ_A（約在 15°~20° 之間）。
8. 讓大球從 A 點由靜止放開落下去碰撞小球，同時測量大球及小球碰撞後所到達之最高點如圖 7-3 中 B、C 位置，記錄 θ_B 與 θ_C (θ_B 為撞後大球高點與零點之夾角，θ_C 為撞後小球最高點與零點之夾角)。
9. 同一 θ_A 重複步驟 7~8 數次，且記錄數據，並求 θ_B 與 θ_C 之平均值。
10. 改變 θ_A 重複步驟 7~9 數次
11. 計算速率 V_1、u_1、u_2，恢復係數 e，撞前撞後系統動量、動能及動能損失率 S，並判別碰撞種類。

實驗七

碰撞儀實驗報告

班級：＿＿＿＿＿＿＿＿　　組別：＿＿＿＿＿＿＿＿　　實驗日期：＿＿＿＿＿＿＿＿

座（學）號：＿＿＿＿＿＿＿＿＿＿　　姓名：＿＿＿＿＿＿＿＿＿＿＿＿

同組同學座號及姓名：＿＿＿＿＿＿＿＿＿＿＿＿　　評分：＿＿＿＿＿＿＿＿

實驗數據及結果

大球質量 m_1 =＿＿＿g　　小球質量 m_2 =＿＿＿g　　擺長 R =＿＿＿cm

大球與小球質量輕輕接觸之夾角 θ_D =＿＿＿＿

大球撞前夾角 θ_A				
大球撞後夾角 θ_B				
θ_B 平均值				
小球撞後夾角 θ_C				
θ_C 平均值				
大球撞前速率 V_1 (cm/s)　(11) 式				
小球撞前速率 V_2 (cm/s)	0		0	0
大球撞後速率 u_1 (cm/s)　(12) 式				
小球撞後速率 u_2 (cm/s)　(13) 式				
恢復係數 e　　　　　(9) 式				
撞前總動量 $P_{前}$ (g-cm/s) (3) 式				
撞後總動量 $P_{後}$ (g-cm/s) (4) 式				
撞前總動能 $K_{前}$ (erg)　(6) 式				
撞後總動能 $K_{後}$ (erg)　(7) 式				
動能損失率 S(%)　　(8) 式				

討 論

問 題

1. 你們的實驗結果中，恢復係數 $e=$？請判別碰撞種類。
2. 你們的實驗結果中，撞前及撞後系統總動量是否相同？理論上撞前及撞後系統總動量是否應相同？請問你們的實驗結果是否與理論相呼應？若否，請說明可能的原因。
3. 你們的實驗結果中，是否撞後總動能變少？若是變少，你認為損失的動能變成什麼？

實驗八　轉動慣量實驗

一、目　的

測量不同物體繞定軸旋轉的轉動慣量。

二、方　法

利用砝碼受定力作用並以線連結旋轉台產生定力矩而轉動，再以能量守恆之觀點算出物體繞定軸旋轉的轉動慣量實驗值，且與理論值比較。

三、原　理

轉動慣量為物體在做旋轉運動時，一種慣性的量度，其大小與物體質量成正比，並與選取的轉軸相關，如圖 8-1 所示，為一物體質量 m 繞某軸旋轉，將此物分

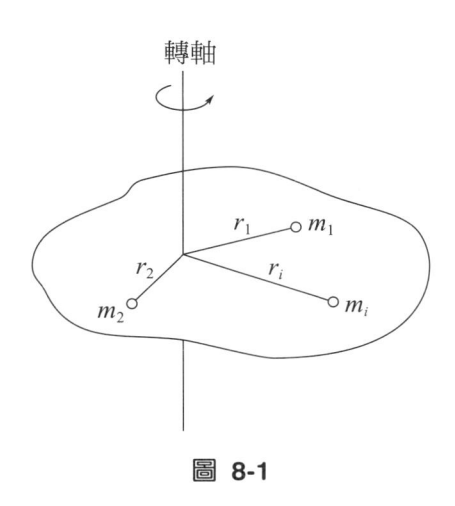

圖 8-1

割成無限多的小質點 m_i，此質點至軸心的距離為 r_i，則此物之轉動慣量 I 為

$$I = \sum_{i=1}^{\infty} m_i r_i^2 \quad \text{..} (1)$$

實際上連續體之轉動慣量須將 (1) 式變為積分形式，方可求出，本實驗僅將幾種形狀對稱且均勻之物體對某特定軸的轉動慣量理論值公式列於附表 1。

實驗值之計算方法利用圖 8-2 所示之裝置，旋轉台 A 的轉軸為 OO'，腰部半徑為 r，在腰部繞線，此線並跨過一滑輪連結砝碼，當砝碼質量 m 足夠大，在某一瞬間將砝碼放手，砝碼因受諸定力作用產生加速度 a 往下運動，而轉台因線的牽引，受定力矩作用而轉動。忽略摩擦力作用，則本系統之能量守恆，即

$$mgh = \frac{1}{2}mv^2 + \frac{1}{2}I\omega^2 \quad \text{...} (2)$$

而

$$\omega = \frac{v}{r} \quad \text{...} (3)$$

(2)、(3) 兩式中，I 為旋轉台轉動慣量；ω 為轉台角速度；v 為轉台邊緣某點的速率，也為砝碼之速率；h 為砝碼落下的高度。砝碼之運動公式則為

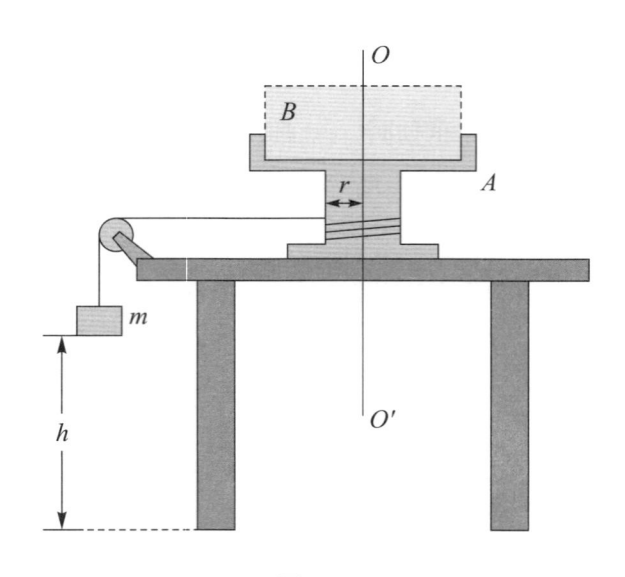

圖 8-2

$$h = \frac{1}{2}at^2 \quad \text{..} \quad (4)$$

$$v = at \quad \text{...} \quad (5)$$

(4)、(5) 二式中，t 為砝碼落下的時間。

將 (3)、(4)、(5) 三式代入 (2) 式中，可導出

$$I = mr^2\left(\frac{gt^2}{2h} - 1\right) \quad \text{..} \quad (6)$$

利用上式算出轉台的轉動慣量 I 後，將待測物體 B 放置於轉台上並固定之，以相同方法測量。若此時砝碼質量為 m'，下降高度為 h'，下降時間為 t'，利用相同推導公式可求得轉台 A 加上待測物 B 的合轉動慣量 I' 為

$$I' = m'r^2\left(\frac{gt'^2}{2h'} - 1\right) \quad \text{..} \quad (7)$$

而待測物之轉動慣量 I_B 即為

$$I_B = I' - I \quad \text{...} \quad (8)$$

四、儀器及材料

轉動慣量實驗裝置（旋轉台、滑輪組、細線、鉤盤、支座），砝碼組，測徑器，碼錶，游標尺、待測物（金屬圓盤、金屬圓柱、金屬圓環）。

五、步　驟

1. 用測徑器測量旋轉台的腰部直徑以求出其半徑 r。
2. 測量各待測物的質量 M，並量取圓盤半徑 R、圓環內徑 R_1 及外徑 R_2、圓柱截面半徑 R 及長 L。分別利用附表 1 之公式，計算各待測物的轉動慣量理論值 I_0。
3. 取長約 2 公尺的細線，一端繞數圈於旋轉台腰部，另

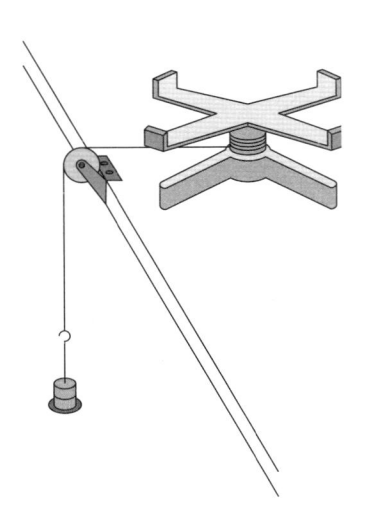

圖 8-3

一端跨過滑輪繫住一鉤盤，如圖 8-3 所示之裝置。

4. 在鉤盤上逐次加掛砝碼，直到旋轉台恰可旋轉為止，此時砝碼加鉤盤之重力即為克服摩擦所需之力。
5. 旋轉轉台將鉤盤拉離地面，將其固定於某一位置，測量鉤盤底至地面的距離，即為鉤盤落下距離 h。並在鉤盤上加放砝碼（約 20 克至 50 克），其質量記為 m。在某瞬間將鉤盤放開，測量落下時間 t。
6. 在鉤盤上加掛不同質量之砝碼，重複步驟 5 三次。
7. 將待測物之一置於旋轉台上並固定好，重複步驟 4 至 6，測得轉台加待測物的轉動慣量 I'，減去轉台轉動慣量 I，即為待測物的轉動慣量 I_B。
8. 更換不同待測物，重複步驟 7。

附表 1

物體（質量 M）	轉　軸		轉動慣量 I_0
圓盤，半徑 R（或圓柱）	通過中心軸		$\frac{1}{2}MR^2$
圓環，內徑 R_1 外徑 R_2	通過中心軸		$\frac{1}{2}M(R_1^2 + R_2^2)$
圓柱，長 L 外徑 R	通過圓柱中央圓面直徑		$M\left(\dfrac{R^2}{4} + \dfrac{L^2}{12}\right)$

實驗八 轉動慣量實驗報告

班級：＿＿＿＿＿＿＿＿　　組別：＿＿＿＿＿＿＿＿　　實驗日期：＿＿＿＿＿＿＿＿

座（學）號：＿＿＿＿＿＿＿＿＿＿＿　　姓名：＿＿＿＿＿＿＿＿＿＿＿＿＿＿

同組同學座號及姓名：＿＿＿＿＿＿＿＿＿＿＿＿　　評分：＿＿＿＿＿＿＿＿＿＿

實驗數據及結果

一、旋轉台的轉動慣量

轉台腰部半徑 r = ＿＿＿＿＿＿＿ cm

次數	砝碼質量 m (g)	高度 h (cm)	時間 t (sec) 1	2	3	平均值 $\bar{t}$	轉動慣量 I (g·cm^2)
1							
2							
3							
						I 平均值	

二、金屬圓盤的轉動慣量

圓盤半徑 $R = $ _____ cm

質量 $M = $ _____ g

圓盤轉動慣量理論值 $I_0 = $ _____ g·cm²

次數	砝碼質量 m (g)	高度 h (cm)	時間 t (sec) 1	2	3	平均值 $\bar{t}$	轉動慣量 (g·cm²) 轉台+圓盤 I'	圓盤 I_B $I_B = I' - I$
1								
2								
3								
						I_B 平均值		
						百分誤差		

三、金屬圓環的轉動慣量

圓環質量 $M = $ _____ g

半徑 $R_1 = $ _____ cm

半徑 $R_2 = $ _____ cm

圓環轉動慣量理論值 $I_0 = $ _____ g·cm²

次數	砝碼質量 m (g)	高度 h (cm)	時間 t (sec) 1	2	3	平均值 $\bar{t}$	轉動慣量 (g·cm²) 轉台+圓環 I'	圓環 I_B $I_B = I' - I$
1								
2								
3								
						I_B 平均值		
						百分誤差		

四、金屬圓柱的轉動慣量

圓柱質量 M = _____ g

圓截面半徑 R_1 = _____ cm

圓柱長 L = _____ cm

圓柱轉動慣量理論值 I_0 = _____ g·cm²

次數	砝碼質量 m (g)	高度 h (cm)	時間 t (sec)			平均值 $\bar{t}$	轉動慣量 (g·cm²)	
			1	2	3		轉台+圓柱 I'	圓柱 I_B $I_B = I' - I$
1								
2								
3								
						I_B 平均值		
						百分誤差		

討 論

問題

1. 相同物體選取不同轉軸來旋轉，則其轉動慣量是否會相同？為什麼？
2. 若將橫放的金屬圓柱改為直放，並以中心軸為轉軸，則其轉動慣量理論值為何？是否與橫放時以中央截面直徑為轉軸的轉動慣量相同？
3. 將公式 (2)、(3)、(4) 及 (5) 推導出式 (6) 的詳細過程寫出。
4. 本實驗中的砝碼所做運動是否為自由落體運動？為什麼？
5. 從實驗中，是否發現不同的待測物，欲使其轉動所須之最小的砝碼加鉤盤重不相同？若是，你認為與什麼物理量相關？

實驗九　楊氏係數測定實驗

一、目　的

測量待測金屬棒的楊氏係數。

二、方　法

利用橫樑彎曲法及光槓桿原理，測量金屬棒中間加負載砝碼後之彎曲量，並測量棒長、棒寬、棒厚及光槓桿鏡面至望遠鏡米尺的距離、光槓桿前足至後足垂直距離，代入彈性曲線方程式即可求出楊氏係數。

三、原　理

(一) 彈性曲線方程式

將一長形條棒橫放（或橫樑），其兩端受有支撐力向上，如圖 9-1(a) 所示，若在棒中間加一向下的鉛直力 F 作用，則此棒會產生彎曲應變。如圖 9-1(b) 所示，棒

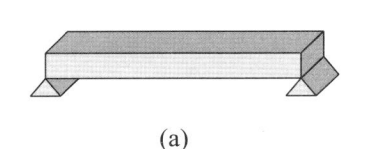

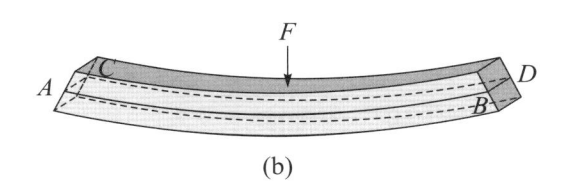

圖 9-1

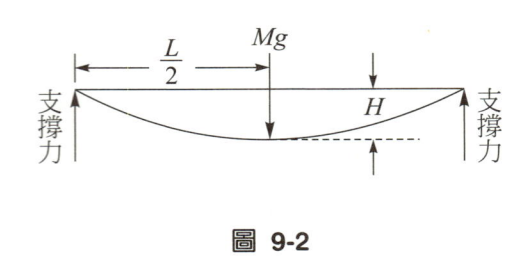

之上層被壓縮而凹下，下層被伸張而凸起，此時介於兩者之間必有一層不會縮張，而保有原來的長度，如 ABCD 面，稱為中立層。AB 或 CD 稱為彈性曲線，其彎曲程度與棒之長寬厚及材料皆有關，其相關方程式稱為彈性曲線方程式。

以圖 9-2 為例，若棒長為 L，寬為 b，厚度為 t，兩端為支點，在中間加一負荷 Mg（M 為所加物體質量，g 為重力加速度），則中立層之上被壓縮而長度縮短，中立層之下被拉伸而長度伸長，其縮短或伸長的量及中立層下凹的程度與材料的楊氏係數 Y 及棒的形狀相關，經數學公式之推導可得中立層之彈性曲線的最大彎曲量 H，即中間凹下的距離為

$$H = \frac{MgL^3}{4Ybt^3} \quad \text{...(1)}$$

(1) 式即稱為彈性曲線方程式。若我們測量得 L、b、t、M 及 H，則可求得此材料之楊氏係數 Y 為：

$$Y = \frac{MgL^3}{4Hbt^3} \quad \text{...(2)}$$

一般說來，在實驗室量度彎曲量 H 的方法有很多種，本實驗只介紹兩種，一種為間接測量法，是應用光槓桿原理來測量。另一種為直接量度法，利用觸壓式測微計來測量。

(二) 光槓桿原理

將一束光線射入平面鏡，入射角與反射角會相等，若將平面鏡轉動 θ 角，仍以同一束光線射入，則入射角與反射角會同時增加或減少 θ 角，故反射光之方向會與未轉動平面鏡前的反射光方向相差 2θ 角，此稱為光槓桿原理。參考圖 9-3，即可瞭

図 9-3

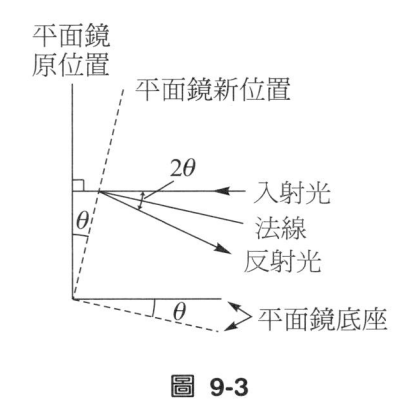

解平面鏡轉動前後，反射光角度變化的情形。

　　如圖 9-4 所示，我們利用附米尺的望遠鏡，觀測光槓桿所反射的米尺刻度（此光槓桿置放於待測金屬棒上中央處），若將原先鉛直的鏡面轉動 θ 角，則從望遠鏡中所看到的刻度會與未轉動前不同，假設前後相差 h 刻度，而米尺與鏡面相距 d，光槓桿前足與兩後足連線垂直距離為 a，而金屬棒中央掛重物時，凹下之距離為 H，則由圖 9-4 知，

$$\frac{H}{a} = \sin\theta \approx \theta \quad \text{..(3)}$$

$$\frac{h}{d} = \tan 2\theta \approx 2\theta \quad \text{..(4)}$$

上二式中 θ 之單位應為"弳（radian）"，且 $\theta \ll 1$。比較 (3)、(4) 兩式，可得

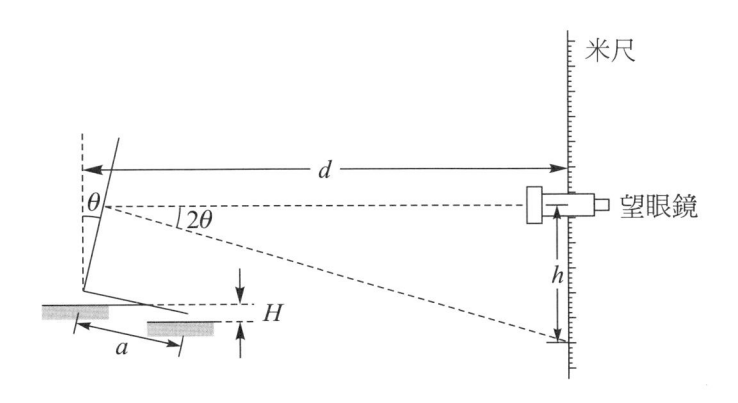

圖 9-4

$$\frac{h}{d} = 2\frac{H}{a}$$

即 $$H = \frac{ah}{2d} \quad \text{...} (5)$$

將 (5) 式代入 (2) 式可得，

$$Y = \frac{MgdL^3}{2ahbt^3} \quad \text{...} (6)$$

若以差量來計算，則 (6) 式可改為

$$Y = \frac{\Delta MgdL^3}{\Delta 2ahbt^3} \quad \text{..} (7)$$

(6)、(7) 二式中 L 及 t 皆為三次方，實驗時必須小心測量，以防誤差過大。

四、注意事項

1. 棒長應測量測定台兩刀口間的距離。
2. 鉤環應確實裝置於兩刀口間之中點，以使槽碼之重量正好施於棒之中央。
3. 楊氏係數之公式 (2)、(6)、(7) 中，棒長及棒厚均為三次方，須小心量度。

方 法 一　間接測量法

五、儀器及材料

實驗室用望遠鏡，望遠鏡支架附米尺，光槓桿（底座附有三尖足之平面鏡），測定實驗台，鉤盤，鉤環，槽碼數個，米尺，游標測徑器，待測金屬棒（銅棒、鋼棒及鋁棒）。

六、步　驟

1. 以米尺測量測定實驗台上兩刀口間的距離，此為待測金屬棒之長度 L。並以游標測徑器量度待測金屬棒之棒寬 b 及棒厚 t。
2. 將光槓桿之三足尖印在紙上，測量紙上三小孔之前足尖至兩後足尖連線之垂直距離 a。

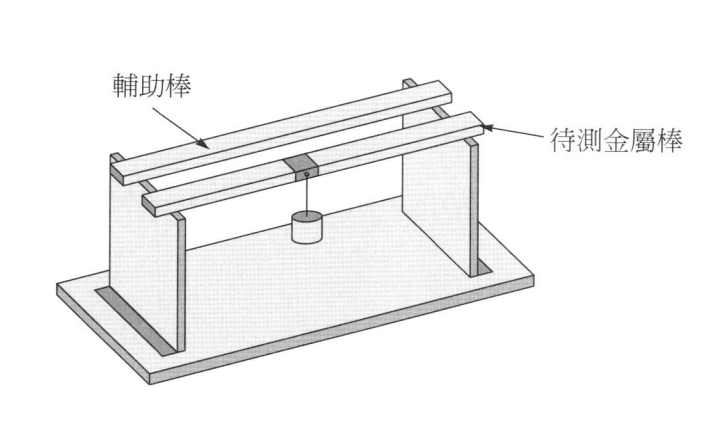

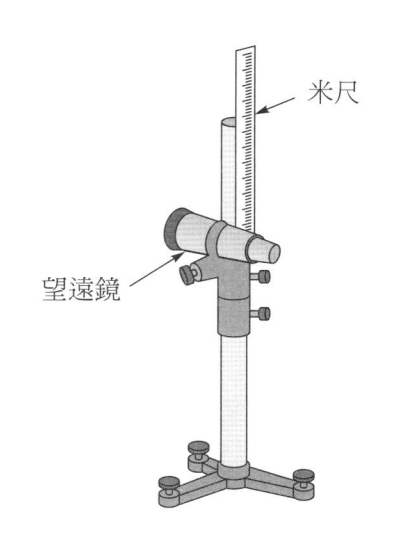

圖 9-5

3. 將兩根金屬棒平行置於刀口上，其中待測金屬棒為置於較靠近望遠鏡者，另一根則為輔助棒，如圖 9-5 所示。將鈎環固定於待測金屬棒之中點（也應為兩刀口間之中點），並將鈎盤掛上。
4. 將光槓桿置於兩棒上，其前足置於鈎環圓孔內，兩後足置於輔助棒上。
5. 調整望遠鏡支架上之米尺為直立，將望遠鏡移至與測定台相距約 1.5 公尺處，並測量光槓桿鏡面與米尺間距離 d。
6. 轉動目鏡至鏡內十字清晰，再伸縮望遠鏡筒並調整鏡面，使從望遠鏡中可看到米尺上刻度能夠明顯地映在十字線上，並讀取所見刻度，此為無槽碼負荷時的刻度 h_0。
7. 在鈎盤上加掛槽碼共五個，每次增加一個 200g 的槽碼，直到 1000g 為止，依次記錄從望遠鏡中看到映在十字線上的刻度 h_1，h_2，h_3，h_4 及 h_5。
8. 依次取下槽碼，每取下一槽碼，就觀察十字線上的讀數，並依次記錄為 h'_4，h'_3，h'_2，h'_1 及 h'_0。
9. 分別求出 h_4 與 h'_4，h_3 與 h'_3，…，h_0 與 h'_0 的平均值 $\overline{h}_4$，$\overline{h}_3$，…，$\overline{h}_0$，並算出每加減一個槽碼的彎曲量 $\Delta h_{i-1} = \overline{h}_{i-1} - \overline{h}_i$，$i = 0$，1，2，3，4。
10. 將所得數據代入 (7) 式，求楊氏係數。
11. 更換另一待測金屬棒，重複以上步驟。

方法二　直接測量法

五、儀器及材料

觸壓式測微計（千分表），測定實驗台，鉤盤，槽碼，米尺，游標尺，待測物（銅棒、鋼棒及鋁棒），鉤環，測微計固定座。

六、步　驟

1. 以米尺測量測定實驗台上兩刀口間的距離，此為待測金屬棒之長度 L。並以游標尺測量待測金屬棒之棒寬 b 及棒厚 t。
2. 將待測金屬棒置於刀口上，把鉤環固定於待測金屬棒之中點（也應為兩刀口間之中點），並將鉤盤掛上。
3. 將觸壓式測微計以固定座裝置於測定台旁，如圖 9-6 所示，使測微計之針尖觸及鉤環上端的中央，並使其讀數約為 4～5 mm，並記錄其讀數為 H_0，此即為無負載時的刻度。
4. 在鉤盤加槽碼共五個，每次增加一個 200g 的槽碼，直到 1000g 為止，依次記錄測微計的讀數為 H_1，H_2，H_3，H_4 及 H_5。

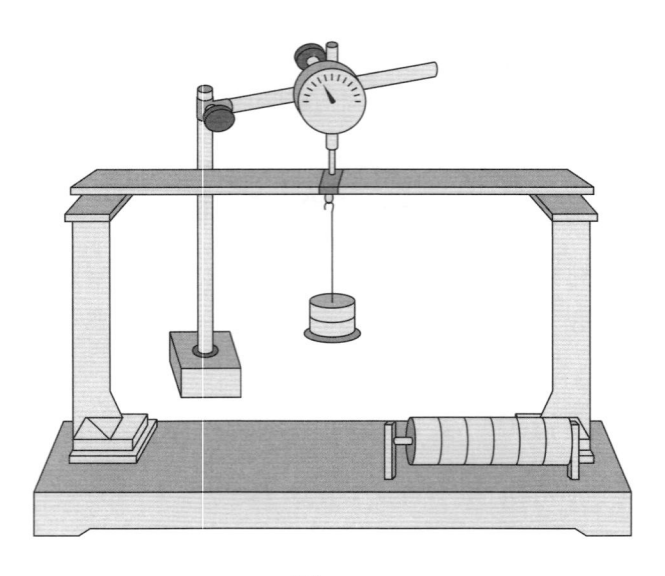

圖 9-6

5. 依次取下槽碼，每取下一槽碼，就記錄測微計的讀數，依次為 H'_4，H'_3，H'_2，H'_1 及 H'_0。
6. 分別求出 H_4 與 H'_4，H_3 與 H'_3，⋯，H_0 與 H'_0 的平均值 $\bar{H}_4$，$\bar{H}_3$，⋯，$\bar{H}_0$，並求出彎曲量 $\Delta H_i = \bar{H}_i - \bar{H}_0$，$i = 1，2，3，4，5$。
7. 將所得數據代入 (2) 式，求楊氏係數。
8. 更換另一待測金屬棒，重複以上步驟。

實驗九　楊氏係數測定實驗報告

班級：_____　組別：_____　實驗日期：_____

座（學）號：_____　姓名：_____

同組同學座號及姓名：_____　評分：_____

實驗數據及結果

方法一、光槓桿原理

1. 銅　棒

　　銅之楊氏係數公認值 Y = _____

棒長 L = 棒寬 b = 棒厚 t =		光槓桿前足至兩後足垂直距離 a = 鏡面至望遠鏡米尺距離 d =					
次數	槽碼質量 M_i (g)	加重米尺讀數 h_i (mm)	減重米尺讀數 h'_i (mm)	平均值 h_i (mm) = $\dfrac{h_i + h'_i}{2}$	彎曲量 Δh_{i-1} (mm) = $\overline{h}_{i-1} - \overline{h}_i$	質量差 ΔM_{i-1} (g) = $M_{i-1} - M_i$	楊氏係數 Y (dyne/cm^2) (7) 式
0							
1							
2							
3							
4							
5							
						平均值	
						百分誤差	

（註：i = 0，1，2，3，4，5）

2. 鋼　棒

鋼之楊氏係數公認值　$Y = $ _____

棒長 $L =$	光槓桿前足至兩後足垂直距離 $a =$
棒寬 $b =$	鏡面至望遠鏡米尺距離 $d =$
棒厚 $t =$	

次數	槽碼質量 M_i (g)	加重米尺讀數 h_i (mm)	減重米尺讀數 h'_i (mm)	平均值 $\overline{h_i}$ (mm) $= \dfrac{h_i + h'_i}{2}$	彎曲量 Δh_{i-1} (mm) $= \overline{h}_{i-1} - \overline{h}_i$	質量差 ΔM_{i-1} (g) $= M_{i-1} - M_i$	楊氏係數 Y (dyne/cm^2) (7) 式
0							
1							
2							
3							
4							
5							

平均值　
百分誤差　

3. 鋁　棒

鋁之楊氏係數公認值　$Y = $ _____

棒長 $L =$	光槓桿前足至兩後足垂直距離 $a =$
棒寬 $b =$	鏡面至望遠鏡米尺距離 $d =$
棒厚 $t =$	

次數	槽碼質量 M_i (g)	加重米尺讀數 h_i (mm)	減重米尺讀數 h'_i (mm)	平均值 $\overline{h_i}$ (mm) $= \dfrac{h_i + h'_i}{2}$	彎曲量 Δh_{i-1} (mm) $= \overline{h}_{i-1} - \overline{h}_i$	質量差 ΔM_{i-1} (g) $= M_{i-1} - M_i$	楊氏係數 Y (dyne/cm^2) (7) 式
0							
1							
2							
3							
4							
5							

平均值　
百分誤差

方法二、直接測量

1. 銅 棒

| 棒長 $L=$ | 棒寬 $b=$ | 棒厚 $t=$ |

次數	槽碼質量 $M\,(g)$	加重讀數 H_i(mm)	減重讀數 H'_i (mm)	平均值 $\bar{H}_i$ (mm) $=\dfrac{H_i+H'_i}{2}$	彎曲量 ΔH_i (mm) $=\bar{H}_i-\bar{H}_0$	楊氏係數 (dyne/cm^2) Y (2) 式	平均測量值
0							
1							
2							公認值
3							
4							百分誤差
5							

2. 銅 棒

| 棒長 $L=$ | 棒寬 $b=$ | 棒厚 $t=$ |

次數	槽碼質量 $M\,(g)$	加重讀數 H_i(mm)	減重讀數 H'_i (mm)	平均值 $\bar{H}_i$ (mm) $=\dfrac{H_i+H'_i}{2}$	彎曲量 ΔH_i (mm) $=\bar{H}_i-\bar{H}_0$	楊氏係數 (dyne/cm^2) Y (2) 式	平均測量值
0							
1							
2							公認值
3							
4							百分誤差
5							

3. 鋁　棒

棒長 L =　　　　　棒寬 b =　　　　　棒厚 t =

次數	槽碼質量 M(g)	加重讀數 H_i(mm)	減重讀數 H'_i(mm)	平均值 $\bar{H}_i$ (mm) $= \dfrac{H_i + H'_i}{2}$	彎曲量 ΔH_i (mm) $= \bar{H}_i - \bar{H}_0$	楊氏係數 (dyne/cm²) Y (2) 式	楊氏係數 (dyne/cm²) 平均測量值
0							
1							
2							公認值
3							
4							百分誤差
5							

討 論

問題

1. 由光槓桿原理中，知平面鏡轉動 θ 角，則反射光改變 2θ 角，請畫圖並證明之。
2. 為何棒長是應測量兩刀口間的距離，而非測量實際金屬棒長？
3. 應用光槓桿原理之方法一，為何需要二支金屬棒同時放於刀口上作實驗？若只用一支，則會影響你測量的那些量？
4. 方法二中，觸壓式測微計在未加掛槽碼前，為何不需歸零，而需使讀數約為 4～5 mm？

實驗十　表面張力實驗

一、目　的

測定待測液體之表面張力。

二、方　法

利用 Du Nouy 表面張力計，先將金屬環下端微微浸入水及待測液體中，然後再將金屬環拉起，此時金屬環下有一層薄膜附著其上，將提起之力加大至膜破，記錄此力大小所對應之刻度，以水為已知值，將待測液體所得刻度與之比較，即可求得各種液體之表面張力。

三、原　理

將一根密度比水大的金屬針輕輕橫放於水面上，會發現針不往下沉，而浮在水面上，這表示水面有一作用力施於針上。若將針微微浸入水中，再將針往上提起，會發現針下有一層薄膜附著於其上，使你無法將針馬上拉離水面，而需再施力往上拉，使膜破裂；顯然，在將針上拉過程中，水面也有施力在針上，此力即與表面張力相關。

凡是液體都有表面張力，其來源是液體內部之分子受到其他分子所施的引力或斥力來自各方向會互相抵消，而合力為零。但在表面，分子受力在各方向並不均勻，液面下液體所施之力會比液面上氣體所施之力較大，故液面受一往下的合力作

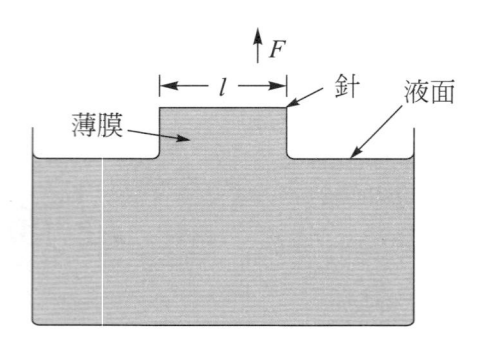

圖 10-1

用，而具有保持最小面積及收縮的傾向，使表面呈緊繃狀態，像是受到張力作用一樣，可以承受小負荷。考慮在液面有一長 l 的線段，此線段受一張力 F（Tension Force）垂直作用，則其所受表面張力 T（Surface Tension）的定義為

$$T = \frac{F}{l} \quad\quad\quad\quad\quad\quad\quad\quad\quad\quad\quad\quad\quad\quad (1)$$

如圖 10-1 所示，將針浸入液體中再施一拉力 F 提出液面外，針下產生薄膜，即液體表面積增加，我們需要對其作功 W，此功等於表面張力 T 乘以增加的表面積。假設針長 l，將針提離液面 h 高處時薄膜破裂，且膜有前後兩面，所以增加的面積 $2lh$，故

$$W = Fh = 2lhT \quad\quad\quad\quad\quad\quad\quad\quad\quad\quad (2)$$

$$\therefore T = \frac{F}{2l} \quad\quad\quad\quad\quad\quad\quad\quad\quad\quad\quad\quad\quad (3)$$

本實驗之設計，將針改為金屬環，環長 l，將環浸入水中，再提離水面後，也會在環下拉起一層薄膜，膜有內外兩面，當膜破時，拉力為 F_1，同樣可得表面張力 $T_1 = F_1/2l$；若將水換成其他液體，測得在拉力 F_2 時，環下薄膜破裂，則得液體表面張力 $T_2 = F_2/2l$。假設純水的表面張力 T_1 為已知，則只需測量拉力 F_1 及 F_2，即可求得待測液體的表面張力 T_2：

$$\frac{T_2}{T_1} = \frac{F_2/2l}{F_1/2l} = \frac{F_2}{F_1} \quad\quad\quad\quad\quad\quad\quad\quad (4)$$

$$\therefore T_2 = \frac{F_2}{F_1} T_1 \quad \text{..(5)}$$

表面張力因液體種類而異,也與溫度相關,一般為溫度上升,表面張力降低。

四、儀器及材料

　　Du Nouy 表面張力計,金屬圓環,玻璃皿,溫度計,待測液體(酒精、乙醚、甘油、石油等)。

五、注意事項

1. 乙醚具有麻醉效果,實驗進行至測乙醚表面張力時,應迅速確實,並使用乙醚完後,儘速倒入乙醚回收瓶中。
2. 本實驗所使用的液體有數種具有揮發性,應儘量於實驗室中較通風處進行本實驗。

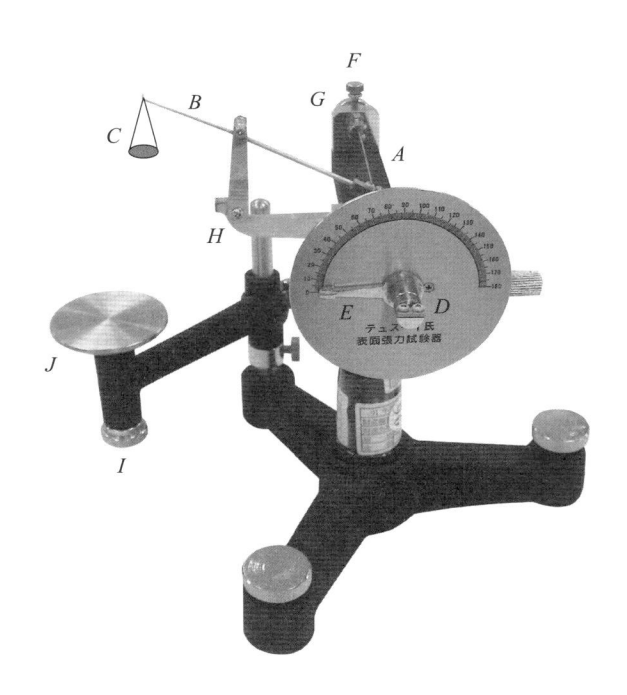

圖 10-2

六、步　驟

1. 實驗裝置如圖 10-2。
2. 將張力計之指針 E 歸零，然後將螺絲 F 放鬆。
3. 將金屬圓環 C 掛於 B 桿尾端（下凹處），旋轉螺旋 G 使鋼絲 A 水平且緊繃，並使 B 桿恰從 H 支台浮上且互不碰觸，此時將 F 旋緊以固定鋼絲 A。
4. 玻璃皿盛水後放於支持台 J 上，旋轉螺絲 I，使玻璃皿上升至使水面與金屬圓環微微接觸。
5. 慢慢的旋轉螺絲 D，使鋼絲產生一扭力，將金屬圓環緩緩拉離水面，拉至環下薄膜破裂為止，記錄此時指針所指刻度，是為 F_1，即代表拉力，並重複此步驟五次，計算平均值。
6. 旋轉螺絲 I，使玻璃皿下降，更換不同待測液體，重複步驟 4 及 5，測得之刻度是為 F_2。
7. 讀取此時室溫 t，由附錄查知純水在該溫度下的表面張力 T_1（或利用內插法，將附錄中未列出溫度之純水表面張力求出），代入公式 (5)，計算待測液體之表面張力 T_2。
8. 取另一待測液體，重複以上步驟。

## 實驗十 表面張力實驗報告

班級：＿＿＿＿＿＿＿　組別：＿＿＿＿＿＿＿　實驗日期：＿＿＿＿＿＿＿
座（學）號：＿＿＿＿＿＿＿＿＿　姓名：＿＿＿＿＿＿＿＿＿＿＿
同組同學座號及姓名：＿＿＿＿＿＿＿＿＿＿＿　評分：＿＿＿＿＿＿＿

實驗數據及結果

室溫 $t =$ ＿＿＿＿＿＿＿ °C

純水之表面張力 $T_1 =$ ＿＿＿＿＿＿＿

次數＼刻度 F_1	1	2	3	4	5	F_1 平均值
純水						

| 待測液體 | 刻度 F_2 |||||| 表面張力 T_2 (dyne/cm) |||
	1	2	3	4	5	平均	實驗值 (5) 式	公認值	百分誤差

討 論

問 題

1. 若在水中加入冰塊，或將水加熱，則水之表面張力是否不同？各是變大或變小？
2. 如果在水中加入少量的鹽或甘油，則表面張力會不會改變？為什麼？
3. 在實驗中，若金屬環與液面接觸時，並非微微接觸，而是環深入液體內，則測量出來的表面張力會變大或變小？
4. 實驗過程中，若 B 桿未調整浮上 H 支台，而靠在支台上，對實驗結果有何影響？

實驗十一　固體比重測定實驗

一、目 的

利用阿基米德原理測量待測固體之比重。

二、方 法

使用天平，測量待測固體在空氣中及在水中的重量，並求兩者之差，再經過溫度校正及空氣浮力校正，以求出固體比重。

三、原 理

將固體全部或部分浸在流體中，測其重量會比在空氣中量得之重量要輕些，這是因為流體會施一浮力給固體，此一浮力大小即為物體所減輕的重量，也等於物體排開流體的重量，這稱為阿基米德原理。

在某溫度 $t°C$ 時，物質的比重 S 定義為

$$S = \frac{物體重量}{與該物體同體積 4°C 純水的重量} \quad \cdots\cdots (1)$$

$$= \frac{物體密度}{4°C 時純水的密度} \quad \cdots\cdots (2)$$

$4°C$ 時純水的密度為 1 g/cm^3，故物體比重與密度之數值相同，但此時密度之單位須用 g/cm^3，而比重為無單位之物理量。

(1) 式中分母部分，為 4°C 時物體在空氣中及水中的重量差，即為與該物體同體積水的重量，但在其他溫度下測量就須做修正。若在 $t°C$ 時，物體在空氣中重 W 克，在水中重 W' 克，與該物體同體積之水重 B 克，由阿基米德原理知

$$B = W - W' \tag{2}$$

在 $t°C$ 時，此物之比重為

$$S_t = \frac{W}{B} = \frac{W}{W - W'} \tag{3}$$

此 S_t 並非物體真正的比重，尚需做溫度校正及空氣浮力校正，才可求得真實比重。

(一) 溫度校正

水之密度並不固定為 1 g/cm^3，會因溫度不同而變化，假設在 $t°C$ 時，水之密度為 D_t，則該物體實際體積應為 B/D_t，故經過溫度校正後，其比重 S 為

$$S = \frac{W}{B/D_t} = \frac{W}{B} \times D_t = S_t D_t \tag{4}$$

(二) 空氣浮力校正

空氣也為流體，物體在空氣中當然會受到空氣浮力作用，故須修正之。若物體在 $t°C$ 時的體積為 V，在空氣中的重量為 W 克，其真實比重為 S_0，空氣密度為 λ g/cm^3，則

$$S_0 V - \lambda V = W \tag{5}$$

又假設與該物體同體積的水在 $t°C$ 時之重量為 B，此時水密度為 D_t，則

$$D_t V - \lambda V = B \tag{6}$$

將 (5)、(6) 兩式相除，可得

$$S_t = \frac{S_0 - \lambda}{D_t - \lambda} \tag{7}$$

$$S_0 - \lambda = S_t(D_t - \lambda) \tag{8}$$

$$\begin{aligned} S_0 &= S_t D_t - S_t \lambda + \lambda \\ &= S + \lambda(1 - S_t) \end{aligned} \tag{9}$$

四、儀　器

物理天平附砝碼（或三桿天平），待測金屬塊（鋼、銅、鋁）、石臘、木塊、燒杯、細線，一條橡皮筋。

五、注意事項

1. 使用天平稱待測物在空氣中的重量時，托盤調整在秤盤底下，要稱待測物在水中的重量時，須將托盤調整在秤盤上方，並固定住，且秤盤仍須掛在原位，否則無法歸零。

六、步　驟

1. 觀察實驗室之溫度計及壓力計，記錄室溫及大氣壓力讀數，據此查閱附錄找出此時的純水密度 D_t 及空氣密度 λ。
2. 將物理天平兩秤盤先空著，調整騎碼的位置，使其保持水平且左右平衡，此即為歸零。若使用三桿天平，則秤盤內先空著，將所有游碼移至最左方的零點位置，若有轉盤也將其歸於零點，再觀察天平指標是否平衡於零點，若否，則調整橫樑左方的旋鈕，直到歸零為止。

(一) 沉　體

3. 使用天平，測量鋼塊在空氣中的重量 W。
4. 調高托盤在秤盤上方，將盛約 2/3 水的燒杯置於托盤上。
5. 如圖 11-1 所示，將鋼塊以細線懸於秤臂上，並完全浸入燒杯內之水中，測量此時鋼塊的重量 W'。
6. 鋼塊於水中所受浮力 B 即等於 $W - W'$，並代入 (3) 式求 S_t，再做溫度校正及空氣浮力校正，以求出 S 及 S_0。
7. 重複上述步驟，並求 S_0 平均值。
8. 依次換上銅塊及鋁塊，重複以上步驟。

110　物理實驗

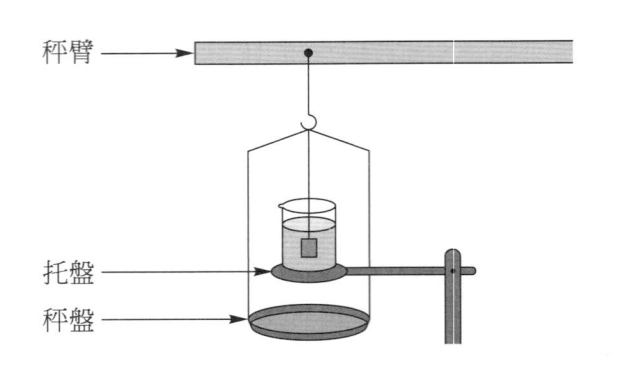

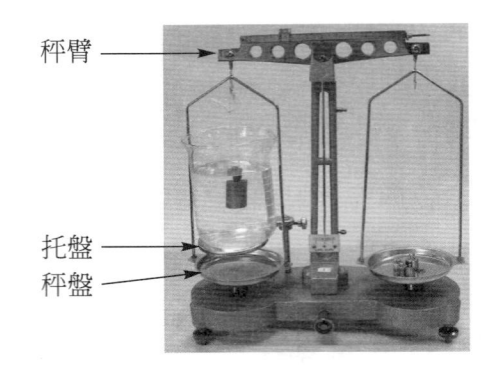

圖 11-1

(二) 浮體（木塊、石臘）

9. 使用天平測量木塊在空氣中之重量 W。
10. 如圖 11-2 所示，以細線在木塊下方繫一沉體（可用待測金屬塊代替），再將此二物懸於秤臂上，並使木塊完全在空氣中，而沉體完全浸在燒杯內水中（此燒杯同樣置於托盤上），測量此時二物的合重 W_1。
11. 如圖 11-3 所示，將木塊與沉體綁在一起，使二者完全浸入水中，測量此時的重量為 W_2。
12. 木塊於水中所受浮力 B 即為 $W_1 - W_2$，並利用 (3) 式求 S_t，再校正求出 S 及 S_0。
13. 重複步驟 9 至 12，並求木塊 S_0 平均值。
14. 換上石臘，重複步驟 9 至 13，測石臘比重。

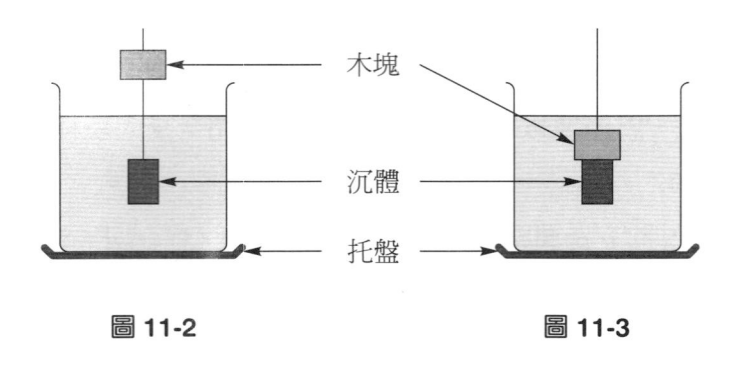

圖 11-2　　　　圖 11-3

實驗十一

固體比重測定實驗報告

班級：_____　組別：_____　實驗日期：_____

座（學）號：_____　姓名：_____

同組同學座號及姓名：_____　評分：_____

實驗數據及結果

室溫　$t =$ _____ °C

大氣壓力　$P_0 =$ _____ mmHg

純水密度　$D_t =$ _____ g/cm^3

空氣密度　$\lambda =$ _____ g/cm^3

一、沉體（金屬塊）

1. 鋼塊　　鋼塊比重公認值 = _____

	空氣中物重 W (gw)	水中之物重 W' (gw)	浮力 $B = W - W'$ (gw)	比重 S_t (3)式	比重 S (4)式	S_0 (9)式	S_0 平均值	百分誤差
1								
2								
3								

2. 銅塊　　　銅塊比重公認值 = ＿＿＿＿＿＿＿＿

	空氣中物重 W (gw)	水中之物重 W' (gw)	浮力 $B = W - W'$ (gw)	比　　　　　重			
				S_t (3)式	S (4)式	S_0		
						(9)式	平均值	百分誤差
1								
2								
3								

3. 鋁塊　　　鋁塊比重公認值 = ＿＿＿＿＿＿＿＿

	空氣中物重 W (gw)	水中之物重 W' (gw)	浮力 $B = W - W'$ (gw)	比　　　　　重			
				S_t (3)式	S (4)式	S_0		
						(9)式	平均值	百分誤差
1								
2								
3								

二、浮　體

1. 木塊　　　木塊比重公認值 = ＿＿＿＿＿＿＿＿

	空氣中物重 W (gw)	浮體與沉體合重		浮力 $B = W_1 - W_2$ (gw)	比　　　　　重			
		W_1 (gw)	W_2 (gw)		S_t (3)式	S (4)式	S_0		
							(9)式	平均值	百分誤差
1									
2									
3									

2. 石臘　　　石臘比重公認值 = ＿＿＿＿＿＿＿＿

| | 空氣中物重 W(gw) | 浮體與沉體合重 | | 浮力 $B = W_1 - W_2$ (gw) | 比 | | 重 | | |
| | | W_1 (gw) | W_2 (gw) | | S_t (3)式 | S (4)式 | S_0 | | |
							(9)式	平均值	百分誤差
1									
2									
3									

討 論

問 題

1. 本實驗為何須要做溫度及空氣浮力校正？
2. (5) 式中 λV 此項代表何物理量？
3. 為什麼做浮體比重實驗須加掛一沉體？
4. 為什麼浮體之浮力 B 為 $W_1 - W_2$？
5. 如果你有一金塊，但不能確定它是否為純金，你如何利用阿基米德原理做辨別？

實驗十二 固體比熱測定實驗

一、目 的

利用混合法測量待測金屬塊的比熱。

二、方 法

將金屬塊置於雙層熱物器內加熱後,投入水中,測量水溫之變化值,並在金屬塊加熱前測量金屬塊、卡計及水的質量,以求出比熱。

三、原 理

將物體加熱可使其溫度升高,但質量相等的不同物質,給予相等熱量,卻升高不同的溫度。顯然除了質量及熱量會影響升高的溫度外,物質的某種特性也是必須考慮的因素。此特性即為比熱,定義為將某物質單位質量升高單位溫度所需吸收的熱量,關係式為:

$$H = ms\Delta T \quad \text{..} (1)$$

上式中,H 為熱量、m 為質量、s 為比熱、ΔT 為溫度差。熱量單位常用卡(cal)表示,卡的定義為一克的水由 14.5°C 升高到 15.5°C 所需吸收的熱量。另外,也可以能量單位焦耳來定義:1 卡 = 4.186 焦耳。故比熱單位為卡/克 °C 或焦耳/仟克 °K,一般常用卡/克 °C,而水的比熱為 1 卡/克 °C,其他物質的比熱皆比水小。

固體之比熱常用混合法測量,其方法是將不同溫度的待測物與已知比熱的物質接觸，測量最後平衡的溫度，以求出待測物的比熱。

假設有一卡計（絕熱容器）質量為 m_c，比熱為 s_c，內盛有質量為 m_w 的水，水之比熱為 s_w，水與卡計之溫度皆為 T_1。將一質量 m_x 的待測金屬塊加熱至溫度 T_2，然後投入水中，則低溫的水及卡計吸收熱量而溫度上升，高溫的金屬塊放出熱量而溫度下降，當三者達到熱平衡時，溫度皆為 T_3（$T_2 > T_3 > T_1$）。若在熱交換過程無熱量損失，則卡計吸收熱量 H_c 加上水吸收熱量 H_w 會等於金屬塊所放出的熱量 H_x，即

$$H_x = H_c + H_w \quad\quad\quad\quad\quad\quad\quad\quad\quad\quad\quad\quad\quad\quad\quad\quad (2)$$

$$m_x s_x (T_2 - T_3) = m_c s_c (T_3 - T_1) + m_w s_w (T_3 - T_1) \quad\quad\quad (3)$$

上式中，s_x 為待測物比熱，若 s_c、s_w 為已知，則

$$s_x = \frac{(m_c s_c + m_w s_w)(T_3 - T_1)}{m_x (T_2 - T_3)} \quad\quad\quad\quad\quad\quad\quad\quad\quad (4)$$

若卡計、攪拌器及待測物皆為銅製，此時 $s_c = s_x$，則 (4) 式可改為

$$s_x = \frac{m_w s_w (T_3 - T_1)}{m_x (T_2 - T_3) - m_c (T_3 - T_1)} \quad\quad\quad\quad\quad\quad\quad (5)$$

利用 (5) 式即可求出銅的比熱，卡計若與待測物不同材料則用 (4) 式求比熱。由於熱的傳播方式不只有接觸的傳導、對流，也有不接觸的輻射，故熱量在實驗中極易損失。做實驗時，要小心測量，儘量隔絕與外界熱量交流。也須注意攪拌生熱及待測物投入水中前，水溫應低於室溫，投入後，應高於室溫等細節問題，以使誤差降低。

四、儀器及材料

蒸汽鍋，雙層熱物器，卡計（附攪拌器），L 型溫度計（50°C，1/10 刻度），溫度計（100°C，1/1 刻度），天平及砝碼（或電動天平），待測金屬塊（銅、鋼、鋁），通汽橡皮管二條，細棉線數條，塑膠杯一個，橡皮塞數個。

五、注意事項

1. 加熱蒸汽鍋時，避免碰觸蒸汽鍋及蒸汽出入口，以免燙傷。
2. 加熱過程，須注意蒸汽鍋內水量是否足夠。
3. 當金屬塊由雙層熱物器投入卡計內時，一定要迅速以免熱量散失，並注意不要使水濺出。
4. 卡計內所裝冷水質量 m_w 不可超過待測物質量 m_x 太多，以避免溫度差 $T_2 - T_3$ 及 $T_3 - T_1$ 的誤差過大而影響實驗結果，一般測量銅及鋼時，$m_w \approx m_x$；鋁應 $m_w \approx 2m_x$；鉛應 $m_w \approx \frac{1}{2}m_x$。

六、步　驟

1. 測量銅塊的質量 m_x。
2. 測量卡計內銅杯及攪拌器之質量 m_c。
3. 在銅杯中盛適量的水，測其合質量再減去銅杯質量，即為水質量 m_w，並測量水溫度 T_1。（水溫最好略低於室溫，若水溫較高，可加少許冰塊降溫。）
4. 將實驗儀器裝置如圖 12-1 所示，以細線綁住銅塊，用橡皮塞固定並懸於雙層熱物器內。卡計置於熱物器下方，直型溫度計插入熱物器之上部，L 型溫度計插入卡計中。

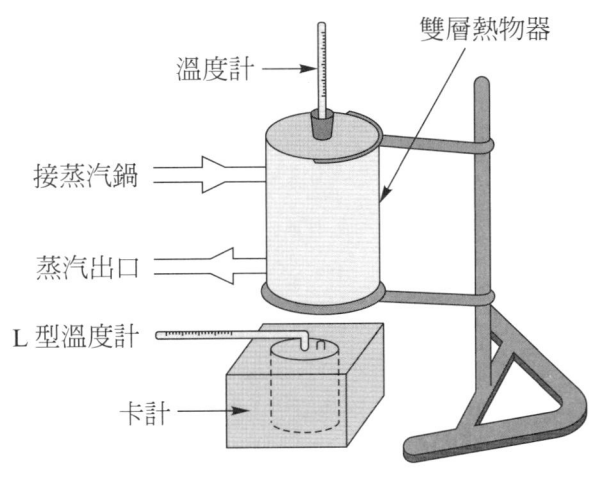

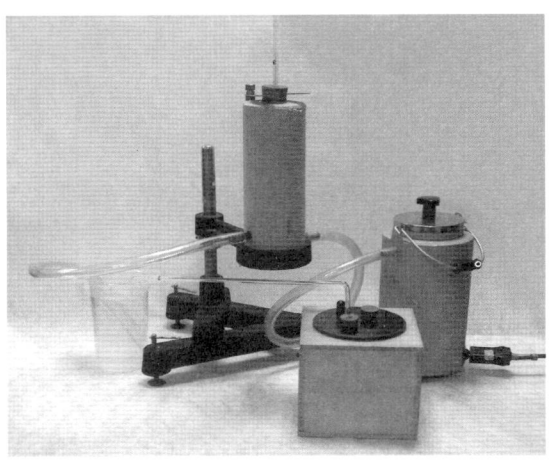

圖 12-1

5. 檢查蒸汽鍋內的水是否有 2/3 滿，並以一條橡皮管與雙層熱物器接通，另以一條橡皮管連接蒸汽出口，且於管口放置半杯冷水以冷卻蒸汽，一切就緒後，加熱蒸汽鍋。
6. 觀察熱物器上之溫度計讀數，若溫度超過 90°C 且穩定不再升高時，記錄此溫度為 T_2。
7. 打開雙層熱物器底部之金屬片，並鬆開上部之橡皮塞使銅塊落入卡計中。
8. 迅速蓋上卡計的蓋子，緩慢拉動攪拌器，並觀察 L 型溫度計讀數，直到溫度保持不變時，記錄其平衡溫度 T_3。
9. 將所得數據代入 (5) 式，求得銅之比熱。
10. 重複以上步驟三次。
11. 依次換上鋼及鋁塊，重複以上步驟，但須將數據代入 (4) 式求比熱。

實驗十二

固體比熱測定實驗報告

班級：_____ 組別：_____ 實驗日期：_____

座（學）號：_____ 姓名：_____

同組同學座號及姓名：_____ 評分：_____

實驗數據及結果

一、銅　塊

　　卡計之銅杯及攪拌器之質量 m_c = _____ 克

　　水之比熱 s_w = _____ cal/g°C

　　銅塊質量 m_x = _____ 克

　　銅之比熱公認值 = _____

次數	水質量 m_w (g)	溫度 (°C)			比熱 (cal/g°C)		
		T_1	T_2	T_3	s_x (5)式	s_x 平均值	s_x 百分誤差
1							
2							
3							

二、鋼　塊

　　卡計之銅杯比熱 s_c = _____ cal/g°C

　　鋼塊質量 m_x = _____ 克

　　鋼之比熱公認值 = _____ cal/g°C

次數	水質量 m_w (g)	溫度 (°C)			比熱 s_x (cal/g°C)		
		T_1	T_2	T_3	(4)式	平均值	百分誤差
1							
2							
3							

三、鋁　塊

鋁塊質量 m_x = ＿＿＿＿＿＿ g

鋁之比熱公認值 = ＿＿＿＿＿＿ cal/g°C

次數	水質量 m_w (g)	溫度 (°C)			比熱 s_x (cal/g°C)		
		T_1	T_2	T_3	(4)式	平均值	百分誤差
1							
2							
3							

討論

問題

1. 實驗過程中，須用攪拌器，其作用為何？又為何需輕輕攪拌？
2. 在室溫下，將相等質量銅及鋁加熱，若兩者吸收熱量一樣多，則何者溫度升高較多？為什麼？
3. 實驗過程中，儘量控制水溫在金屬塊投入前低於室溫，而投入後高於室溫，以減少誤差，此一現象與輻射有何關係？
4. 本實驗應用公式 (2)、(3)、(4)、(5)，皆忽略掉溫度計插入水中也會吸收熱量，假設溫度計浸入水中的體積為 V，而該部分每升高 1°C 的溫度所吸收的熱量為 $0.45\,V$，則 (3)、(4) 式應如何修正？
5. 同問題 4，若在測鋼塊第一次數據時，量得溫度計浸入水中部分之體積為 2 c.c.，則所算出之比熱應為何？是否較接近公認值？

實驗十三 線膨脹係數測定實驗

一、目 的

測量待測金屬棒之線膨脹係數。

二、方 法

將金屬棒放入線膨脹儀內,一端固定,另一端與觸壓式測微器微微接觸,測量金屬棒未加熱前之長度及加熱後不同溫度下之伸長量及溫度差,即可求出線膨脹係數。或另一端與球徑計接觸,測量其加熱前後的溫度差及伸長量,以求出線膨脹係數。

三、原 理

大部分的材料會隨溫度的升高而體積增大,在壓力一定下,其增加的體積 ΔV 會與原體積 V_0 及升高的溫度差 ΔT 成正比,其關係式為:

$$\Delta V = \beta V_0 \Delta T \quad \quad \quad (1)$$

$$\beta = \frac{\Delta V}{V_0 \Delta T} \quad \quad \quad (2)$$

上式中,β 稱為體膨脹係數,其值在常壓下會隨溫度改變。若將材料製作成線狀的外形,如長棒,則溫度升高時,其長度會增長。如圖 13-1 所示,一金屬棒在溫度 T_0 下,長度為 L_0,當溫度升高至 T 時,長度變為 L,則其長度的改變量 ΔL 與溫

圖 13-1

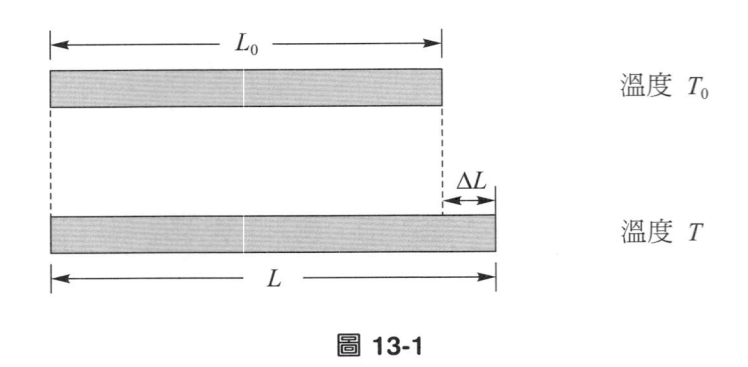

度差 ΔT 及原長 L_0 成正比，其關係類似 (1) 式：

$$\Delta L = \alpha L_0 \Delta T \tag{3}$$

$$\alpha = \frac{\Delta L}{L_0 \Delta T} \tag{4}$$

其中 $\Delta L = L - L_0$

$\Delta T = T - T_0$

(3)、(4) 式中 α 稱為線膨脹係數，其定義為每升高一單位溫度材料長度之變化率，單位為 1/°C，是為材料特性之一。對於各方向同性材料（固體的物理性質和方向無關者）來說，同一材料之 α 和 β 之關係為

$$\beta = 3\alpha \tag{5}$$

(5) 式之關係，我們以一邊長為 L 的正立方體來證明之，此立方體之體積 $V = L^3$，將 (3) 式改為

$L - L_0 = \alpha L_0 \Delta T$

$$L = L_0(1 + \alpha \Delta T) \tag{6}$$

$$\therefore V = L^3 = L_0^3 (1 + \alpha \Delta T)^3$$
$$= L_0^3 [1 + 3\alpha \Delta T + 3\alpha^2 (\Delta T)^2 + \alpha^3 (\Delta T)^3] \tag{7}$$

(7) 式中，因 α 值極小，故 α^2 及 α^3 項皆可忽略，得

$$V = L_0^3 (1 + 3\alpha \Delta T) \tag{8}$$

將 (1) 式改為

$$V - V_0 = \beta V_0 \Delta T$$
$$V = V_0 (1 + \beta \Delta T) \dots\dots\dots\dots\dots\dots\dots\dots\dots\dots\dots\dots\dots\dots\dots\dots\dots\dots\dots\dots\dots\dots\dots\dots\dots\dots (9)$$

比較 (8)、(9) 兩式，即可證得 $\beta = 3\alpha$。

四、注意事項

1. 蒸汽鍋在插電加熱前及實驗中，要注意水量是否足夠。
2. 加熱過程中，避免碰觸蒸汽鍋、蒸汽出入口及護管，以免燙傷。

方　法　一

五、儀器及材料

　　線膨脹儀，觸壓式測微器（千分表），蒸汽鍋，溫度計，米尺，待測金屬棒（銅棒、鋼棒及鋁棒），塑膠杯（或銅杯），橡皮管二條，橡皮塞數個。

六、步　驟

1. 記錄未加熱前溫度 T_0，以米尺測量待測金屬棒在未加熱前的長度 L_0。
2. 儀器裝置如圖 13-2 所示，將金屬棒放入蒸汽護管中，用橡皮塞將護管兩端塞住，但使金屬棒兩端些微露出，使其一端與螺絲接觸，另一端則將觸壓式測微器與其輕輕接觸，然後將測微器歸零。
3. 檢查蒸汽鍋內之水是否有 2/3 滿，並在蒸汽出口處放半杯冷水，一切就緒後，加熱蒸汽鍋，當蒸汽進入線膨脹儀後，觀察溫度計指標（溫度計所插位置，參考圖 13-2，其底端應確實在護管內），溫度每增加 10°C，記錄測微器之讀數，直到溫度不再上升為止，若溫度上升太快不易讀取數據，則可將溫度加熱至最高溫後，使其冷卻，再記錄每降 10°C 的測微器讀數。
4. 利用公式 (4) 計算金屬棒之線膨脹係數。
5. 冷卻後，更換不同待測金屬棒，重複以上步驟。

126　物理實驗

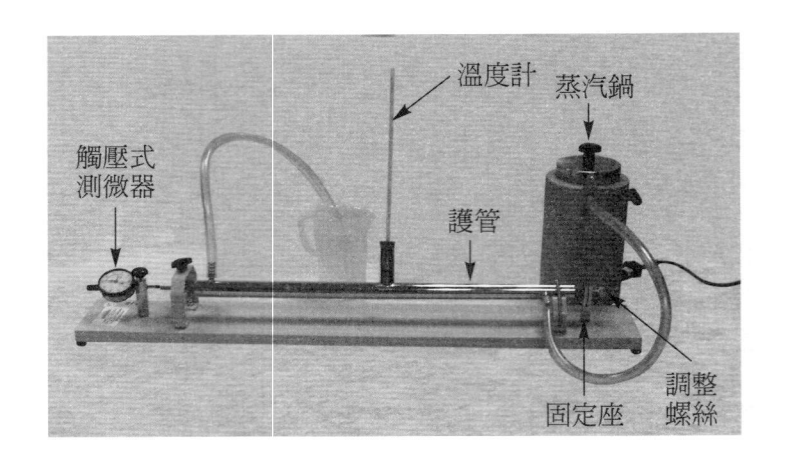

圖 13-2

方法二

五、儀　器

　　線膨脹儀（底座、蒸汽護管、燈座、燈泡），球徑計，蒸汽鍋，乾電池組，電池盒，溫度計，米尺，連接線，待測金屬棒（銅棒、鋼棒及鋁棒），橡皮管二條，橡皮塞數個，塑膠杯（或銅杯）。

六、步　驟

1. 測量待測金屬棒未加熱前之長度 L_0，並記錄未加熱前溫度 T_0。
2. 儀器裝置如圖 13-3 所示，以連接線連接電池組及線膨脹儀，並裝上燈泡。將金屬棒放入蒸汽護管中，用橡皮塞將護管兩端塞住，但使金屬棒兩端些微露出，使其一端與螺絲接觸，另一端則徐徐旋轉球徑計直至觀察到燈泡發亮為止，此時表示球徑計已確實與待測金屬棒微微接觸，觀察此時球徑計之讀數，並記錄為 x_0。
3. 將球徑計旋鬆，再重複步驟 2 共五次，將五次所得數據平均，記為 $\bar{x}_0$。
4. 旋轉球徑計，使其退出一段距離。
5. 檢查蒸汽鍋內之水是否有 2/3 滿，並在蒸汽出口處放半杯冷水以冷卻蒸汽，一切就緒後，加熱蒸汽鍋，使蒸汽進入護管中以加熱金屬棒。觀察溫度計指標（溫度

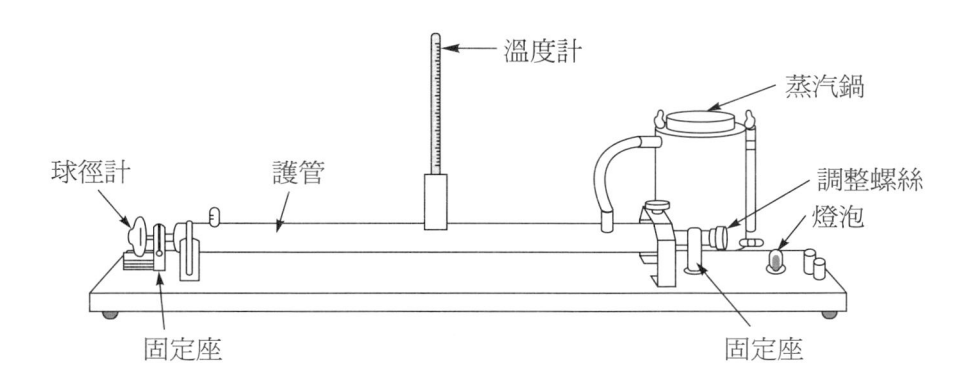

圖 13-3

計所插位置參考圖 13-3，其底端應確實在護管內），當溫度計讀數不再上升時，記錄溫度為 T。

6. 旋轉球徑計至燈泡剛好發亮為止，記錄此時球徑計讀數為 x。
7. 將球徑計旋鬆，再重複步驟 6 共五次，將五次所得數據平均，記為 $\bar{x}$。
8. 計算金屬棒之伸長量 $\Delta L = |\bar{x} - \bar{x}_0|$ 及溫度差 $\Delta T = T - T_0$。利用公式 (4) 求出金屬棒之線膨脹係數。
9. 冷卻後，更換不同待測金屬棒，重複以上步驟。

實驗十三

線膨脹係數測定實驗報告

班級：_____　組別：_____　實驗日期：_____

座（學）號：_____　姓名：_____

同組同學座號及姓名：_____　評分：_____

實驗數據及結果

方法一

1. 銅　棒

銅棒原長 L_0 = _____ cm

加熱前溫度 T_0 = _____ °C

銅之線膨脹係數公認值 = _____ °C^{-1}

次數	加熱後溫度 T (°C)	溫度差 $\Delta T = T - T_0$ (°C)	伸長量 ΔL (×10^{-3} cm)	線膨脹係數 α (°C^{-1})	
				(4) 式	平均值
1	45				
2	55				
3	65				
4	75				百分誤差
5	85				
6	95				

2. 鋼　棒

鋼棒原長 L_0 = _____ cm

加熱前溫度 T_0 = _____ °C

鋼之線膨脹係數公認值 = _____ °C^{-1}

次數	加熱後溫度 T (°C)	溫度差 $\Delta T = T - T_0$ (°C)	伸長量 ΔL ($\times 10^{-3}$ cm)	線膨脹係數 α (°C^{-1}) (4)式	平均值
1	45				
2	55				
3	65				
4	75				百分誤差
5	85				
6	95				

2. 鋁 棒

鋁棒原長 L_0 = _____ cm

加熱前溫度 T_0 = _____ °C

鋁之線膨脹係數公認值 = _____ °C^{-1}

次數	加熱後溫度 T (°C)	溫度差 $\Delta T = T - T_0$ (°C)	伸長量 ΔL ($\times 10^{-3}$ cm)	線膨脹係數 α (°C^{-1}) (4)式	平均值
1	45				
2	55				
3	65				
4	75				百分誤差
5	85				
6	95				

方法二

1. 銅 棒

銅棒原長 L_0 = _____ cm

加熱前溫度 T_0 = _____ °C

銅之線膨脹係數公認值 = _____ °C^{-1}

加熱後溫度 T = _____ °C

溫度差 ΔT = _____ °C

銅棒伸長量 $\Delta L = |\bar{x} - \bar{x}_0|$ = _____ mm = _____ cm

線膨脹係數測量值 (4) 式 α = _____ °C^{-1}

百分誤差 = _____

	次　數	1	2	3	4	5	平均值
球徑計讀數	加熱前 x_0 (mm)						
	加熱後 x (mm)						

2. 鋼　棒

鋼棒原長 L_0 = _____ cm

加熱前溫度 T_0 = _____ °C

鋼之線膨脹係數公認值 = _____ °C^{-1}

加熱後溫度 T = _____ °C

溫度差 ΔT = _____ °C

鋼棒伸長量 $\Delta L = |\bar{x} - \bar{x}_0|$ = _____ mm = _____ cm

線膨脹係數測量值 (4) 式 α = _____ °C^{-1}

百分誤差 = _____

	次　數	1	2	3	4	5	平均值
球徑計讀數	加熱前 x_0 (mm)						
	加熱後 x (mm)						

3. 鋁　棒

鋁棒原長 L_0 = _____ cm

加熱前溫度 T_0 = _____ °C

鋁之線膨脹係數公認值 = _____ °C^{-1}

加熱後溫度 T = _____ °C

溫度差 ΔT = _____ °C

鋁棒伸長量 $\Delta L = |\bar{x} - \bar{x}_0|$ = _____ mm = _____ cm

線膨脹係數測量值 (4) 式 α = _____ °C^{-1}

百分誤差 = _____

次　數		1	2	3	4	5	平均值
球徑計讀數	加熱前 x_0 (mm)						
	加熱後 x (mm)						

討　論

問題

1. 如下左圖所示，若將銅製成銅環狀，試問將銅環加熱後，其內環半徑會變大或變小？為什麼？

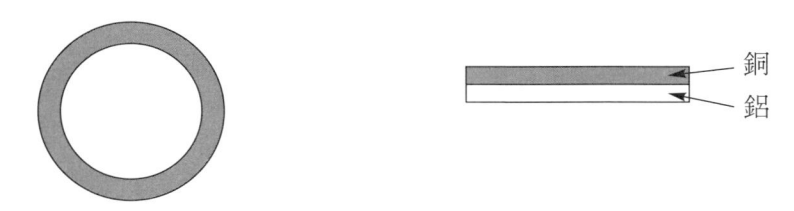

2. 若將銅和鋁製成如上右圖形狀之雙金屬板條，當溫度上升時，此板條會彎向何方？試由銅及鋁之線膨脹係數分析之。

3. 若已知某金屬棒原長 l_0，其線膨脹係數為 α，則當溫度升高 ΔT 後之長度為 l，試由 (2) 式推導出 $l = l_0(1+\alpha\Delta T)$。

4. 方法二中，利用燈泡的發亮與否來確定球徑計是否與金屬棒接觸，試說明其原理為何？

實驗十四 梅耳得音叉頻率測定實驗

一、目 的

研究弦線上橫波之傳播速度與線之張力及單位線長之質量間的關係，並求音叉之振動頻率。

二、方 法

利用電源供應器使音叉振動，音叉連接一條兩端固定且受張力的細線，音叉的振動會在細線上產生一橫波，調整細線之長度，當觀察到細線上之波形為駐波時，量出駐波波長，細線所受張力及細線每單位長度的質量，代入公式，即可求出音叉之振動頻率。

三、原 理

如果有一條質地均勻而又繃緊的弦線，其一端被固定，另一端被上下有規律的振動，則在弦線上會產生一前進的波動，此線上任一點的運動方向和波前進的方向相互垂直，我們稱之為橫波，如圖 14-1 所示，此波振動的最高點稱為波峰，最低點稱為波谷，相鄰的兩個波峰或波谷間的距離稱為波長 λ，若此波振動頻率為 f，則波前進速度 v 為

$$v = f\lambda \tag{1}$$

線另一端被固定，則波行至固定端會被反射，反射波返回振動端，如此在弦線

136 物理實驗

波前進的方向 →

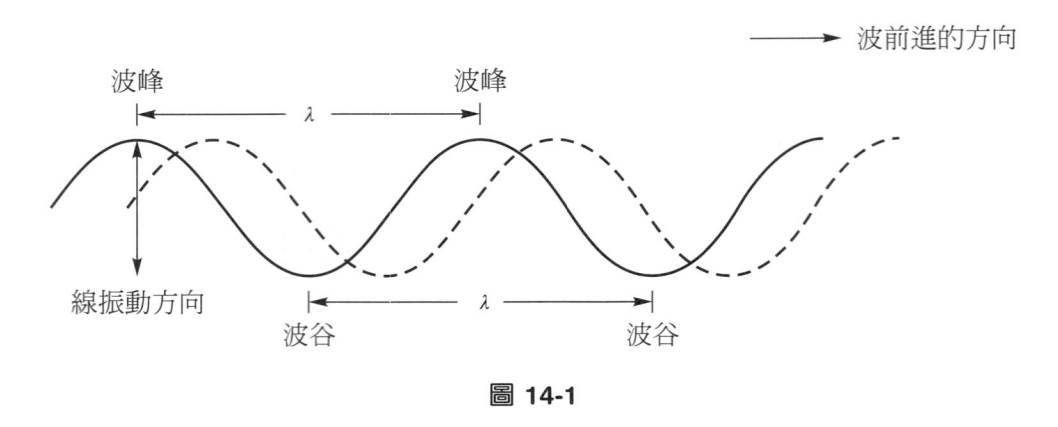

波峰　　　波峰

線振動方向

波谷　　　波谷

圖 14-1

上形成兩相反方向傳播的波動，他們會互相干涉，線上某些點振動會被加強，某些點會被減弱，若我們慢慢改變振動端至固定端的弦線長度（振動頻率固定），會觀察到如圖 14-2 所示之波形，此波形並不前進，只在兩相鄰節點間振幅作週期性的漲落，故稱之為駐波。駐波中標記 N 的點，即為節點，這些點為破壞性干涉所在，其

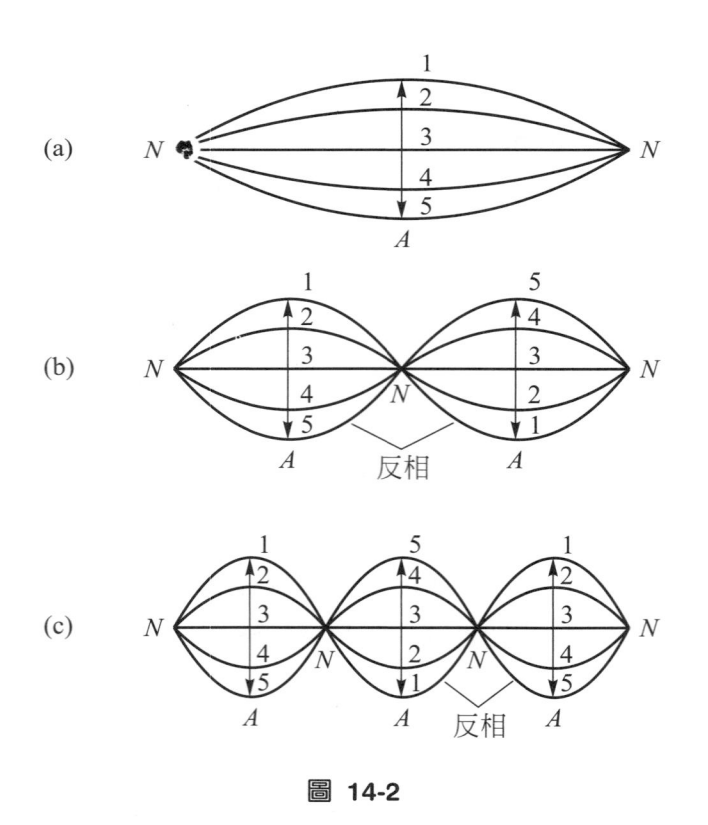

圖 14-2

位移永遠為零（即永不振動），標記 A 的點，稱為波腹，這些點為建設性干涉所在，其位移為此波之最大值（不同瞬間其位移不同如 1、2、3、4、5 之位置，但永遠為該瞬間之最大位移）在駐波和行波中，線上任一點之振動頻率相同，從圖 14-2(b)(c) 可看出相鄰兩波腹之相位相反，故駐波之波長為相鄰兩節點或兩波腹間距離的兩倍（波長之定義為波動中相鄰兩同相點間之距離），故產生駐波時弦線長恰為半波長的整倍數。

若弦線長為 l，形成駐波的段數為 n，則波長 λ 為

$$\lambda = \frac{2l}{n} \quad \left(即\ l = n \cdot \frac{\lambda}{2}\right) \quad\quad\quad\quad\quad\quad\quad\quad\quad\quad\quad\quad (2)$$

本實驗主要是利用梅耳得氏儀測量音叉振動頻率 f，此音叉連接弦線之一端，是為振動端，線另一端跨過滑輪連接鉤盤和砝碼，使弦線緊繃，是為固定端，此線所受張力 T 為鉤盤和砝碼總重，若線每單位長度內的質量為 ρ，則弦線傳播橫波的速率 v 為

$$v = \sqrt{\frac{T}{\rho}} \quad\quad\quad\quad\quad\quad\quad\quad\quad\quad\quad\quad (3)$$

(1) 式代入 (3) 式，可得

$$f = \frac{1}{\lambda}\sqrt{\frac{T}{\rho}} \quad\quad\quad\quad\quad\quad\quad\quad\quad\quad\quad\quad (4)$$

(2) 式代入 (4) 式，則得

$$f = \frac{n}{2l}\sqrt{\frac{T}{\rho}} \quad\quad\quad\quad\quad\quad\quad\quad\quad\quad\quad\quad (5)$$

四、儀　　器

梅耳得氏儀（底座和支柱、線圈、音叉、懸臂、稱盤、細線、米尺），砝碼，砝碼鉤盤，直流電源供應器，連接線，滑輪。

五、注意事項

電壓輸出不要太大，以免振幅過大不易測量。

六、步　　驟

I、細線單位長度的質量

1. 取適當長度的細線（約 120 cm），量其長度 L，並在天平上稱其質量 M，則單位長度之質量 $\rho = M/L$，此步驟重複三次取 ρ 之平均值。

II、音叉振動方向與細線垂直

2. 將儀器裝置如圖 14-3 所示，細線一端繫在音叉上，一端跨過滑輪懸一鉤盤，調整音叉振動方向與線垂直。
3. 以連接線連接直流電源供應器與梅耳得氏儀，然後打開電源調整電壓，轉動螺旋使與音叉微微接觸，接觸點產生放電使音叉振動。
4. 加掛一砝碼於鉤盤上，並調整振動端至固定端（線與滑輪接觸處）的距離直到線上產生明顯的駐波為止。
5. 觀察並記錄駐波的段數 n，並量出線長 l（兩端之距離）及砝碼加鉤盤總重 T（以達因為單位）。
6. 改變砝碼重量重複步驟 4 及 5 共五次。
7. 將所量得各組數據代入公式 (2) 求波長 λ，代入公式 (4) 或 (5) 求頻率 f。

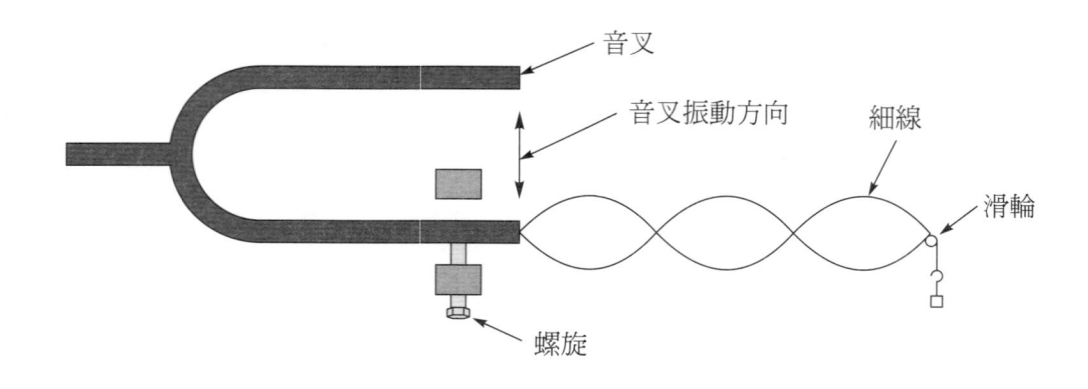

圖 14-3

III、音叉振動方向與細線平行

8. 將儀器調整如圖 14-4 所示,使音叉振動方向與細線平行,重複步驟 2～7。

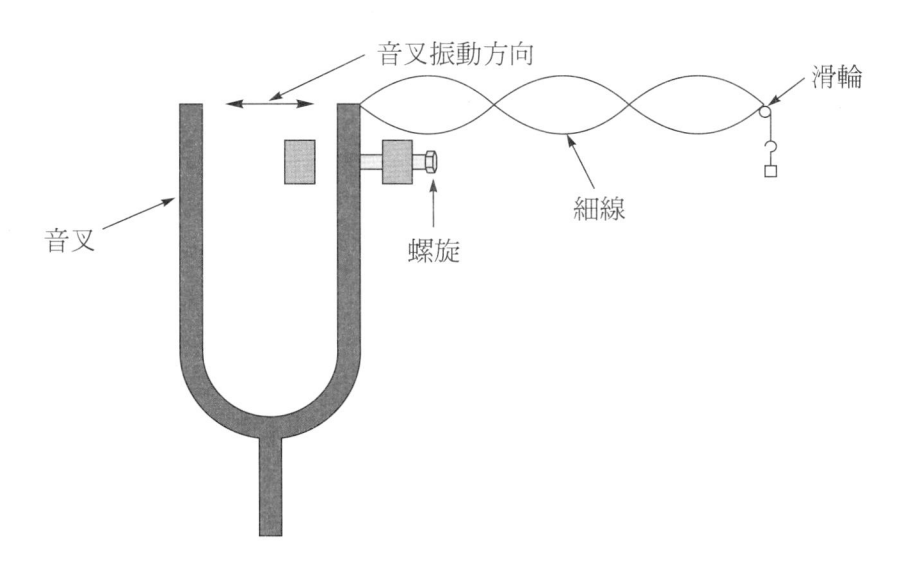

圖 14-4

實驗十四　梅耳得音叉頻率測定實驗報告

班級：＿＿＿＿＿＿　組別：＿＿＿＿＿＿　實驗日期：＿＿＿＿＿＿

座（學）號：＿＿＿＿＿＿＿＿　姓名：＿＿＿＿＿＿＿＿

同組同學座號及姓名：＿＿＿＿＿＿＿＿＿＿　評分：＿＿＿＿＿＿

實驗數據及結果

一、細線單位長度的質量

次數	長度 L (cm)	質量 M (g)	單位長度質量 ρ (g/cm)	ρ 平均值 (g/cm)
1				
2				
3				

二、音叉振動方向與細線垂直

次數	段數 n	線長 l (cm)	波長 λ (cm)	張力 T (dyne)	頻率 f (Hz)
1					
2					
3					
4					
5					

f 平均值

三、音叉振動方向與細線平行

次數	段數 n	線長 l (cm)	波長 λ (cm)	張力 T (dyne)	頻率 f (Hz)
1					
2					
3					
4					
5					

f 平均值

討論

問題

1. 你的實驗結果中，所測得之音叉振動方向與細線垂直及音叉振動方向與細線平行的駐波頻率是否相同？若不同，則有何關係？試想為什麼？
2. 你認為那一種音叉振動方向所測得之細線駐波頻率與音叉振動頻率相同？為什麼？
3. 試分析為何波前進的速度 v、頻率 f 與波長 λ 的關係為 $v = f\lambda$？

實驗十五　共振及聲速測定實驗

一、目　的

利用共鳴管測量空氣中之聲速及未知音叉之頻率。

二、方　法

敲擊一音叉後，將其置於共鳴管上，緩慢改變共鳴管內水面高度，尋找並記錄產生共鳴位置，計算駐波波長，即可由已知音叉之頻率測出聲速，或由已知聲速求出未知音叉之頻率。

三、原　理

聲波之傳遞方向與介質振動方向平行，是為縱波，縱波又稱為疏密波，因其傳遞時粒子振動造成介質有疏部及密部之分佈。如圖 15-1 所示，第一列粒子未被擾動，皆在其平衡位置。若振動源之振動週期為 T，當振動源開始振動後，每經過 $T/4$ 的時間，各粒子與其平衡位置的關係在第一列至第十一列可觀察其分佈有疏部（R）及密部（C）之分，故定義縱波波長 λ 為相鄰兩疏部（或兩密部）之距離。

如同橫波，聲波傳遞至不同介質的界面時，也會有反射波產生，若我們將聲源靠近管狀空氣柱，當波傳至管末端（界面）時，反射波返回會與入射波互相干涉，此二波動頻率、振幅及速率皆相等，但方向相反，如同實驗一之兩反方向橫波干涉成駐波的情形一樣，只要空氣柱長適當，此二列聲波亦可干涉成為駐波。

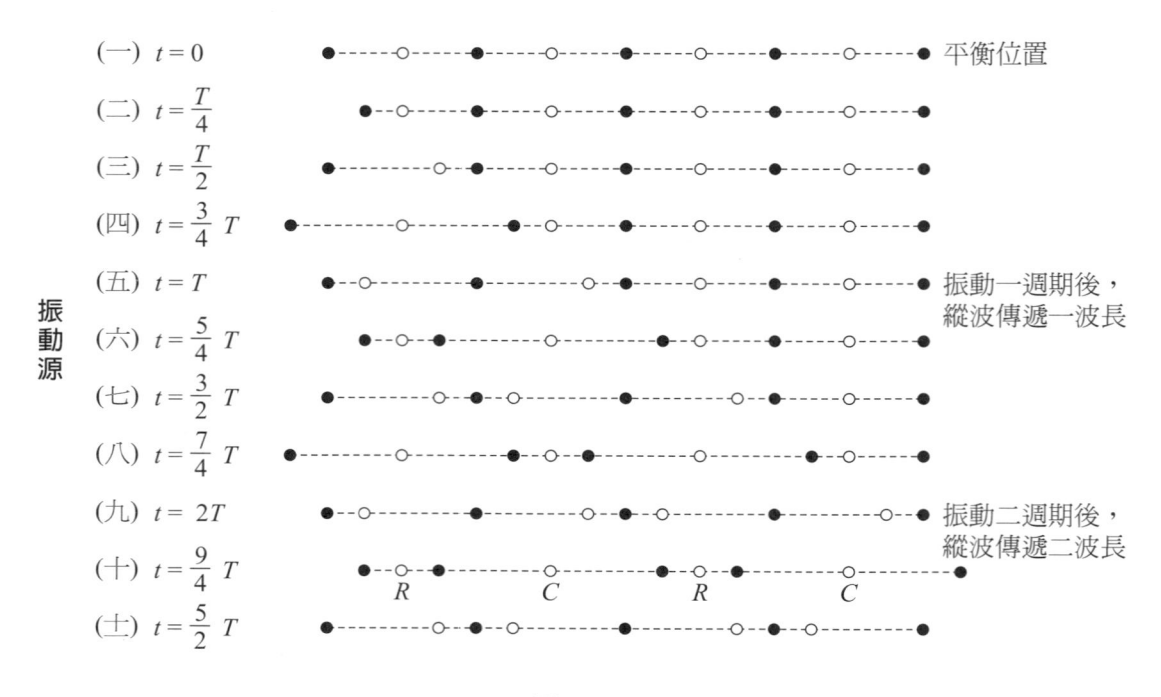

(一)	$t = 0$	平衡位置
(二)	$t = \dfrac{T}{4}$	
(三)	$t = \dfrac{T}{2}$	
(四)	$t = \dfrac{3}{4}T$	
(五)	$t = T$	振動一週期後，縱波傳遞一波長
(六)	$t = \dfrac{5}{4}T$	
(七)	$t = \dfrac{3}{2}T$	
(八)	$t = \dfrac{7}{4}T$	
(九)	$t = 2T$	振動二週期後，縱波傳遞二波長
(十)	$t = \dfrac{9}{4}T$	
(土)	$t = \dfrac{5}{2}T$	

振動源

圖 15-1

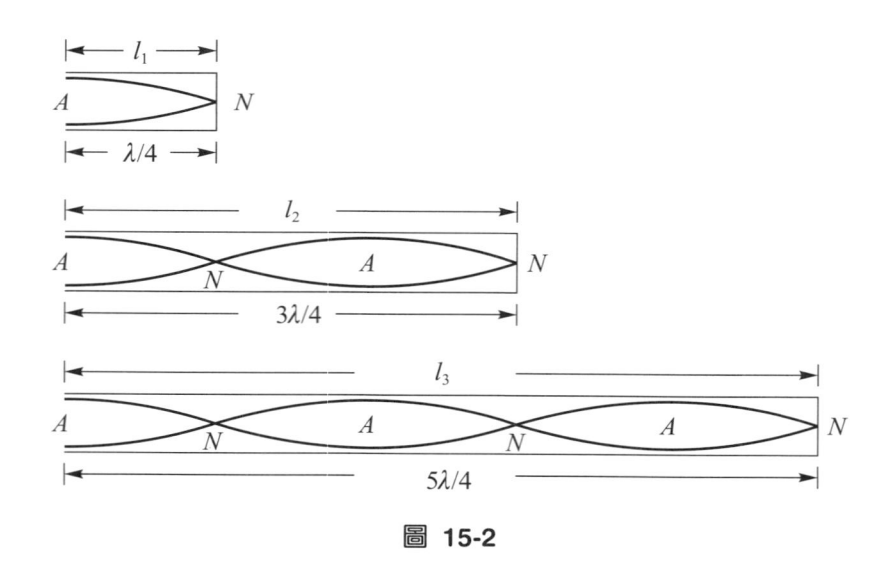

圖 15-2

聲波之波長與管狀空氣柱長的關係，須視其為閉管或開管而不同，本實驗所用共鳴管為閉管，其一端開口，另一端封閉，當產生駐波時，開口端應為波腹 A 所在，因此處空氣粒子可自由振動。封閉端應為節點 N 所在，因此處空氣粒子須處於靜止狀態，從此處分析及圖 15-2 所見，管長應等於一波腹與相鄰節點之間的距離

$\lambda/4$ 或 $\lambda/4$ 的奇數倍。如此空氣柱才可與聲源產生共鳴現象，(共鳴為聲源的頻率與空氣柱頻率相等時產生律音的現象，即為共振)，故管長 l，與波長 λ 之關係為

$$l_n = (2n-1)\frac{\lambda}{4}, \quad n = 1, 2, 3, \cdots \tag{1}$$

即 $\quad l_1 = \frac{\lambda}{4}, \; l_2 = \frac{3\lambda}{4}, \; l_3 = \frac{5\lambda}{4}, \cdots$

實際上，開口端並非真正的波腹所在位置，而在管口外一段距離 C，如圖 15-3 所示，故 (1) 式須作修正

$$l_n + C = (2n-1)\frac{\lambda}{4}, \quad n = 1, 2, 3, \cdots \tag{2}$$

即 $\quad l_1 = \frac{\lambda}{4} - C, \; l_2 = \frac{3\lambda}{4} - C, \; l_3 = \frac{5\lambda}{4} - C, \cdots$

∴
$$l_2 - l_1 = \frac{\lambda}{2} \tag{3}$$

$$l_3 - l_2 = \frac{\lambda}{2} \tag{4}$$

$$l_3 - l_1 = \lambda \tag{5}$$

(2) 式中 C 的值約為 $0.6r$，r 為管之半徑。

使用共鳴管可測量空氣中的聲速，或未知音叉的頻率。如圖 15-3 所示，我們用一支已知頻率為 f 的音叉，使其振動後置於共鳴管開口端上方，改變管內水位，找出數個發出共鳴聲音的位置，量出管長，代入 (3)、(4) 或 (5) 式中，即可求出駐波波長 λ，並利用下列關係式求出聲速 v：

$$v = f\lambda \tag{6}$$

若聲速為已知，也可利用 (6) 式量出未知音叉的頻率。聲波在介質中的傳播速度與介質的物理性質有關，在氣體中其關係式為

$$v = \sqrt{\frac{\gamma P}{\rho}} \tag{7}$$

圖 15-3

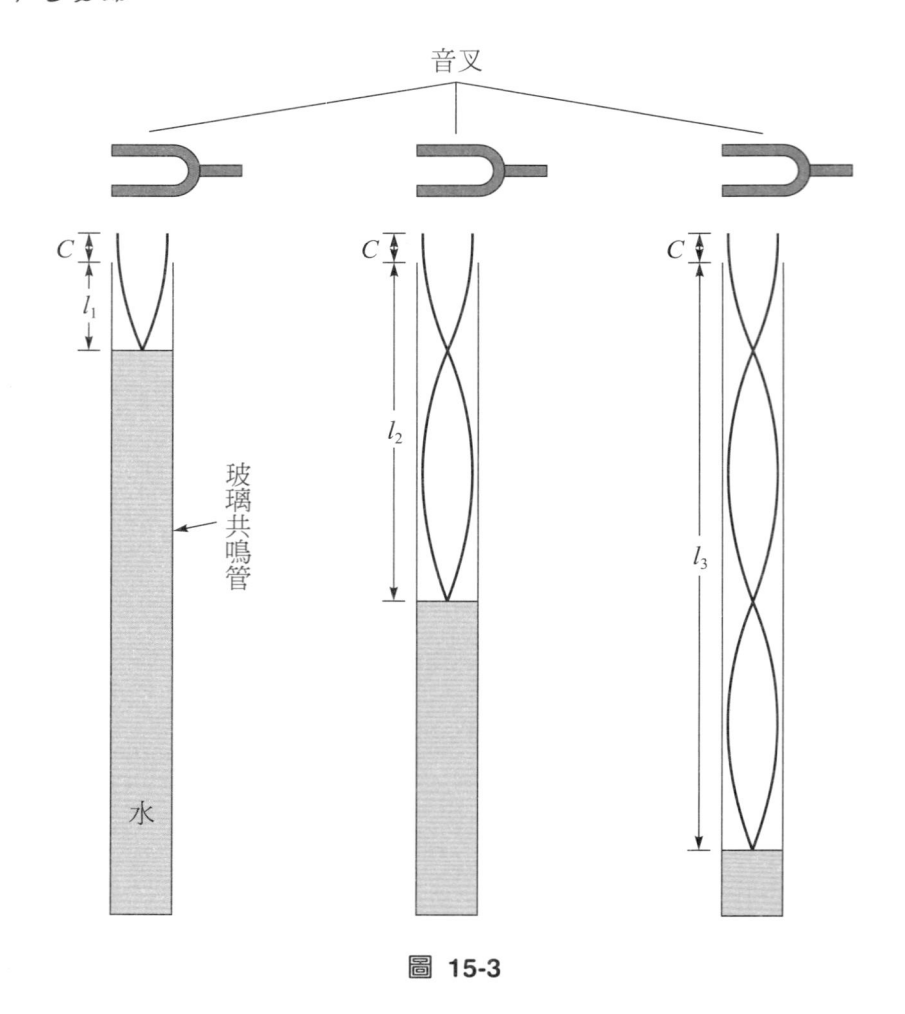

式中 ρ 為密度，P 為壓力，γ 為定壓比熱與定容比熱之比值，即 $\gamma = C_P/C_v$。在標準溫度及壓力下，空氣之 $\gamma = 1.403$，$\rho = 1.293 \text{ kg/m}^3$，故在 0°C 時聲速為 331.45 m/s，但溫度上升空氣密度會減小，所以聲速與溫度相關，其關係式為

$$v_t = v_o(1+\alpha t)^{1/2} \quad \text{...} (8)$$
$$\approx v_o(1+\frac{1}{2}\alpha t)$$

上式中 v_t 為 t°C 時的聲速，v_o 為 0°C 時之聲速，α 為氣體體積膨脹係數，空氣之 $\alpha = 0.3665 \times 10^{-2}\,°\text{C}^{-1}$，故由 (8) 式可得空氣中之聲速為：

$$v_t = 331.45 + 0.6t \quad (單位：\text{m/s}) \quad \text{...} (9)$$

四、儀器及材料

共鳴管儀（底座、支柱、管夾、共鳴管、貯水槽、橡皮管、米尺），標準音叉，待測音叉，擊錘，塑膠燒杯。

五、注意事項

1. 共鳴管為玻璃製品，實驗時應離管口稍遠處敲擊音叉，以免敲破共鳴管。
2. 音叉為金屬製品，應以擊錘橡皮頭處敲擊，切勿以其他物品敲擊，以免產生刺耳噪音。
3. 實驗時勿將耳朵靠近音叉，以免分辨不出真正共鳴的聲音。

六、步　驟

Ⅰ、空氣中之聲速

1. 觀察實驗室溫度計，讀出並記錄室溫 t。
2. 實驗裝置如圖 15-4 所示，將適量清水倒入貯水槽內，再將貯水槽提高位置，使共鳴管內注滿水。
3. 一人以擊錘敲擊標準音叉後，迅速將音叉置於管口上方約管之半徑 0.6 倍處，音叉之放置須使其振動方向與管面垂直，如圖 15-3 所示。
4. 同組另一人緩緩降低貯水槽，使水位降低而氣柱增長，至聽到共鳴聲音由弱轉強時，記錄聲音最強時之氣柱長度 l_1，是為第一共振位置。
5. 將貯水槽稍微提高，重複測量第一共振位置共三次。
6. 持續降低貯水槽，測量第二共振位置 l_2 並重複三次，如果共鳴管夠長，繼續降低水位，尋找第三共振位置 l_3 及第四共振置 l_4。
7. 當水位降低至某一程度，貯水槽之水快溢出時，可將貯水槽內的水倒一些至燒杯中，以免弄濕實驗室。
8. 將水位降至最低，然後再慢慢升高水面而減短氣柱長度，先測量 l_4，再測量 l_3 及 l_2，最後測量 l_1，各三次。
9. 將前述各次所測量得之 l_1、l_2、l_3 及 l_4 取其平均值，並代入公式 (3)、(4) 及 (5) 算出波長 λ。

148　物理實驗

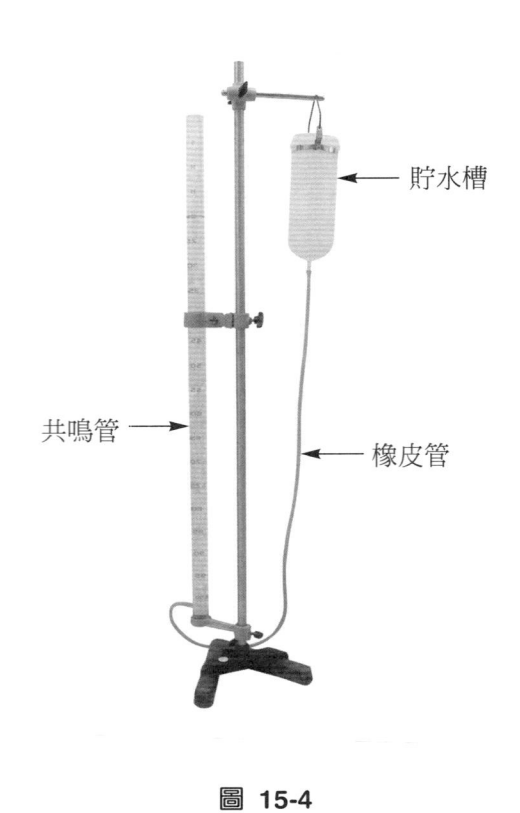

貯水槽

共鳴管

橡皮管

圖 15-4

10. 利用公式 (9) 計算聲速理論值，查出標準音叉之頻率 f，利用公式 (6) 算出聲速實驗值，並與理論值比較。

II、待測音叉之頻率

11. 換上待測音叉，重複以上步驟，由聲速之理論值與量得之波長求出待測音叉的頻率。

實驗十五　共振及聲速測定實驗報告

班級：_____　組別：_____　實驗日期：_____
座（學）號：_____　姓名：_____
同組同學座號及姓名：_____　評分：_____

實驗數據及結果

一、空氣中之聲速

室溫 $t =$ _____ °C

聲速理論值 $v_t =$ _____ m/s

標準音叉頻率 $f =$ _____ Hz

共振位置	氣柱增長 (cm)【水位降低】			氣柱減少 (cm)【水位上升】			共振位置平均值 (cm)	波長 λ (cm)
	1	2	3	1	2	3		
l_1							$\overline{l_1} =$	$2(\overline{l_2} - \overline{l_1}) =$
l_2							$\overline{l_2} =$	$2(\overline{l_3} - \overline{l_2}) =$
l_3							$\overline{l_3} =$	$\overline{l_3} - \overline{l_1} =$
l_4							$\overline{l_4} =$	$\overline{l_4} - \overline{l_2} =$
							λ 平均值	

聲速實驗值 $v =$ _____ m/s

聲速百分誤差 = _____ %

二、待測音叉頻率

共振位置	氣柱增長 (cm)【水位降低】			氣柱減少 (cm)【水位上升】			共振位置平均值 (cm)	波長 λ (cm)
	1	2	3	1	2	3		
l_1							$\overline{l_1}=$	$2(\overline{l_2}-\overline{l_1})=$
l_2							$\overline{l_2}=$	$2(\overline{l_3}-\overline{l_2})=$
l_3							$\overline{l_3}=$	$\overline{l_3}-\overline{l_1}=$
l_4							$\overline{l_4}=$	$\overline{l_4}-\overline{l_2}=$
							λ 平均值	

待測音叉頻率 $f=$ _____ Hz

待測音叉頻率百分誤差 = _____ %

討 論

問題

1. 說明為何只有在某些位置才聽得到共鳴聲音？
2. 由本實驗可知，共鳴管之管長一定，但利用水位調節可改變氣柱長度，試問所使用之音叉頻率愈高，可測得之共振位置愈多或愈少？為什麼？
3. 本實驗若使用兩端均為開口之開管，則產生駐波時，其兩端均應為波腹所在，此時管長 l 與駐波波長 λ 之關係應為何？試畫圖（類似圖 15-2）分析，並寫出數學關係式。

實驗十六　折射率測定實驗

一、目　的

測定待測液體及壓克力磚塊對空氣之折射率，並驗證司乃耳定律。

二、方　法

1. 使用透明之半圓皿盛裝待測液體，將半圓皿置於繪圖紙上，並畫出界線（即半圓皿直線邊）且找半圓皿之圓心所在位置，在此處插一插針，另於半圓皿圓弧邊緣某處插一插針，於界線另一邊觀察，並插第三針，使三針重合，移開半圓皿，畫出法線，測量入射角及折射角，利用司乃耳定律，即可求出待測液體對空氣之折射率。

2. 將透明壓克力磚塊置於繪圖紙上，畫出兩邊界線，於磚塊某邊之邊緣插一插針，另於同邊稍遠處插第二針，後於磚塊另一邊觀察，將第三針插於另一邊邊緣且使三針重合，第三針插好後，於與第三針同邊稍遠某位置插第四針，使四針重合，移開磚塊後，畫出法線，測量入射角及折射角，算出折射率。

三、原　理

光在不同介質中其行進速度不同，進而造成光由某介質進入另一介質時，行進方向會產生偏折，此現象稱為折射（refraction）。其原因為光在不同介質中傳播頻率不變，但波長卻會變化，如此即會造成光在兩介質之交界面處產生偏折，此現象可

圖 16-1

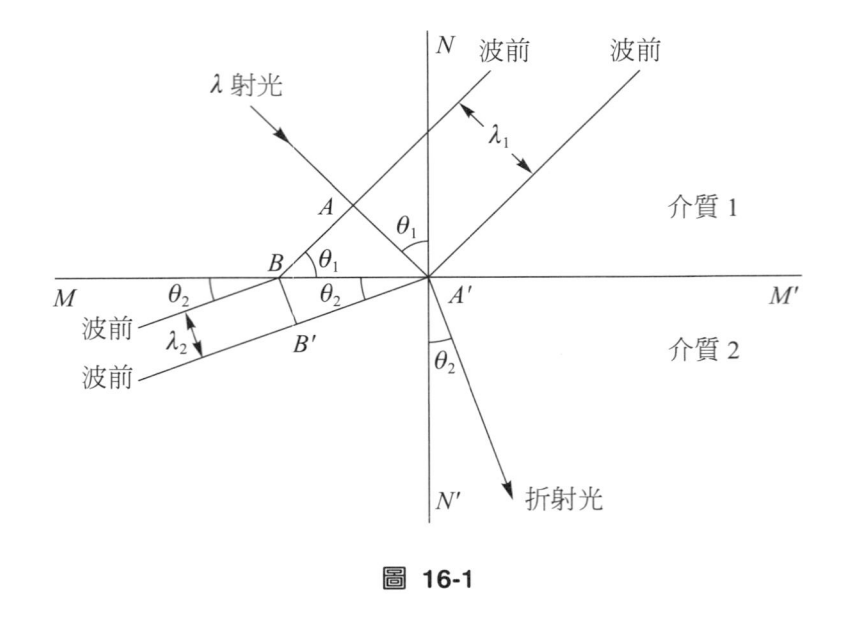

由惠更斯原理（Huygens' Principle）來說明。如圖 16-1 所示，光由介質 1 進入介質 2，入射光波前和折射光波前與界面 MM' 分別有 θ_1 和 θ_2 的夾角。波前 AB 在一週期 T 內前進至 $A'B'$，由 A 點產生的子波在介質 1 前進一波長 λ_1 由 B 點產生的子波在介質 2 前進一波長 λ_2，若光在介質 1 和介質 2 的速度分別為 v_1 和 v_2，則

$$AA' = \lambda_1 = v_1 T = A'B \sin\theta_1 \quad \text{...............................}(1)$$

$$BB' = \lambda_2 = v_2 T = A'B \sin\theta_2 \quad \text{...............................}(2)$$

將 (1)、(2) 兩式相除可得

$$\frac{\sin\theta_1}{\sin\theta_2} = \frac{v_1}{v_2} = \frac{\lambda_1}{\lambda_2} \quad \text{...............................}(3)$$

上式 θ_1 和 θ_2 同時也是入射光和折射光分別與法線 NN' 之夾角。由 (3) 式可得知，當 $v_1 > v_2$ 時，$\lambda_1 > \lambda_2$ 且 $\theta_1 > \theta_2$，故當光由光速快的介質進入光速慢的介質時，其波長會變短且光線會向法線偏折，(3) 式若改用折射率來表示，就稱為司乃耳定律（Snell's Law）。

$$\frac{\sin\theta_1}{\sin\theta_2} = \frac{n_2}{n_1} \quad \text{...............................}(4)$$

(4) 式中，n_{21} 稱為介質 2 對介質 1 的相對折射率，n_1 及 n_2 分別為介質 1 和介質 2 的絕對折射率（簡稱折射率），而絕對折射率 n 之定義為光在真空中的速率 c 與光在該介質中的速率 v 之比值，即

$$n = \frac{c}{v} \quad\quad\quad\quad\quad\quad\quad\quad\quad\quad\quad\quad\quad\quad\quad\quad\quad (5)$$

光在真空中之傳播速率最快，所以其他介質的折射率皆大於 1。空氣之折射率為 1.00029，相當接近於 1，通常就將空氣之折射率當做是 1，而本實驗即要測量待測液體和固體對空氣的相對折射率，也可視為該介質之絕對折射率。

四、儀器和材料

透明半圓皿，待測液體（水、酒精、甘油）、壓克力磚、繪圖紙、插針、量角器、瓦楞紙板（或保麗龍板）。

五、注意事項

1. 插針必須插直，不可歪斜。
2. 半圓皿所盛液體不要太滿，約 2/3 滿即可，以免弄濕紙張或桌面。
3. 入射角及折射角應從法線 NN' 量起，不要量錯。

六、步　驟

1、液體（水、酒精、甘油）對空氣之折射率

1. 在繪圖紙中央畫出兩條互相垂直的 MM' 和 NN' 線，其交點為 O，然後將繪圖紙置於瓦楞紙板上。
2. 將待測液體倒入半圓皿內，約 2/3 滿即可，將半圓皿之直線邊緣與 MM' 線對齊且將半圓皿之圓心調整至與 O 點重合，並將一插針插於 O 點上，如圖 16-2 所示。

圖 16-2

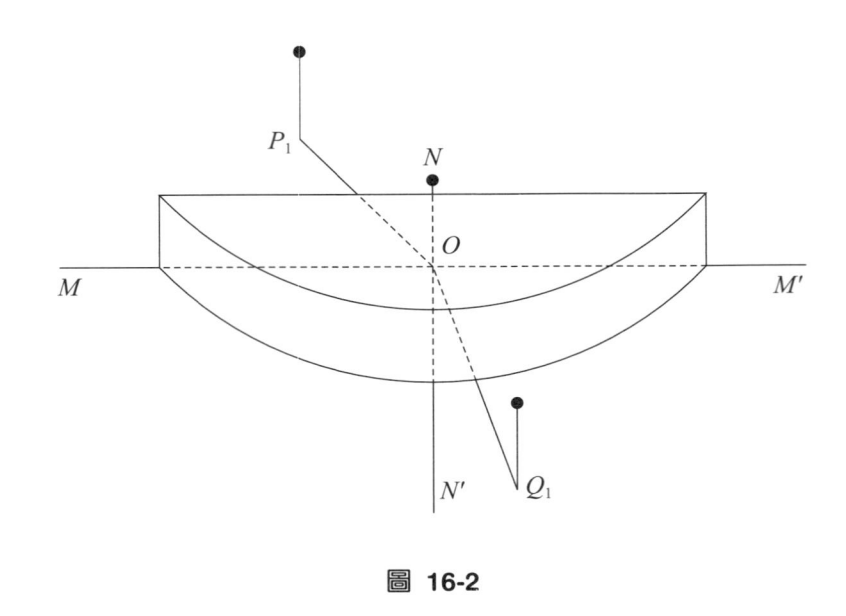

3. 在半圓皿直線邊前任一位置垂直插一插針，將此點記為 P_1。
4. 在半圓皿圓弧邊後觀察，將眼睛調整至約與皿等高位置，透過皿中液體注視 O 點與 P_1 點之插針，並另取一插針左右移動，直到三根插針重合為止，將第三插針所在位置記為 Q_1 點。
5. 將 P_1 及 Q_1 點之插針拔去，重複步驟 3 及 4 共五次，量得五組 P、Q 點位置。
6. 將半圓皿及 O 點插針移走，連接各組 PO 與 OQ 線是為入射線與折射線，並依序以量角器量各組入射角 θ_1 與折射角 θ_2，代入 (4) 式，求出折射率及平均值。
7. 將半圓皿改盛其他液體，重複以上步驟。

II、壓克力磚對空氣之折射率

8. 將壓克力磚置於繪圖紙中央，沿磚塊前後邊緣畫兩條平行線 MM' 及 LL' 之後移去壓克力磚，於 MM' 線中央畫一垂線 NN'，令交點為 O，然後將繪圖紙置於瓦楞紙板上。
9. 再將壓克力磚置於繪圖紙上，將其前緣對準 MM'，並使其前緣中點對準 O 點且在 O 點處插一插針，如圖 16-3 所示。
10. 在壓克力磚前任一位置插一插針，記為 P_1 點。

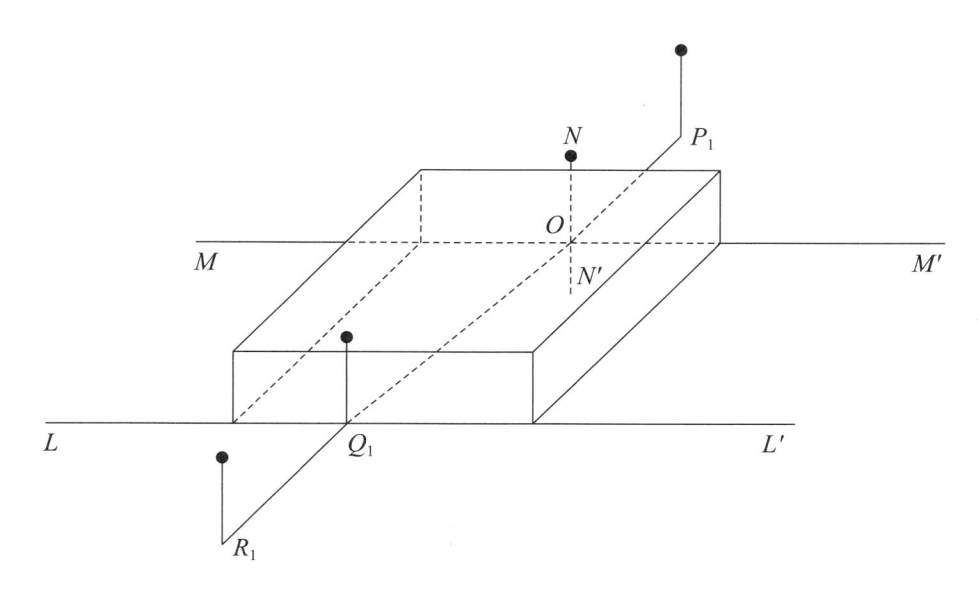

圖 16-3

11. 在壓克力磚後緣觀察，透過磚塊注視 P_1 與 O 點插針，並另取一插針在 LL' 線上左右移動，直到三根插針重合為止，將第三針所在位置記為 Q_1。
12. 在磚塊後緣稍遠處，再尋找第四根插針 R_1 所應插之位置，其方法同步驟 11，則 Q_1R_1 即為入射線 P_1O 經過兩次折射後的透射光線。
13. 將 P_1、Q_1 及 R_1 點之插針拔去，重複步驟 10～12 共五次，量得五組 P、Q 及 R 點位置。
14. 將壓克力磚及 O 點上的插針移走，連接各組 PO、OQ 及 QR 線是為入射線、折射線及透射線，並依序以量角器量取各組 θ_1、θ_2、θ_3 及 θ_4，如圖 16-4 所示，並代入 (4) 式，求出折射率及平均值。

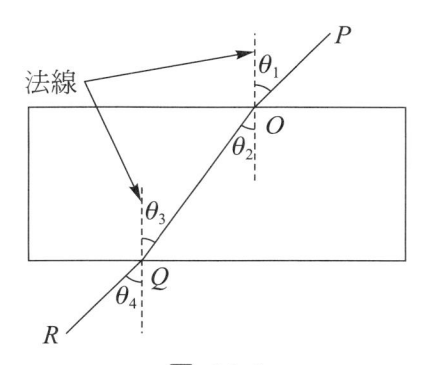

圖 16-4

實驗十六

折射率測定實驗報告

班級：＿＿＿＿＿＿＿＿　組別：＿＿＿＿＿＿＿＿　實驗日期：＿＿＿＿＿＿＿＿

座（學）號：＿＿＿＿＿＿＿＿＿＿　姓名：＿＿＿＿＿＿＿＿＿＿＿＿＿

同組同學座號及姓名：＿＿＿＿＿＿＿＿＿＿＿＿　評分：＿＿＿＿＿＿＿＿

實驗數據及結果

一、液體對空氣之折射率

1. 水

水的折射率公認值 = ＿＿＿＿＿＿＿

次數	入射角 θ_1	$\sin\theta_1$	折射角 θ_2	$\sin\theta_2$	折射率 n_{21}	n_{21} 平均值
1						
2						
3						百分誤差
4						
5						

2. 酒精

酒精的折射率公認值 = ＿＿＿＿＿＿＿

次數	入射角 θ_1	$\sin\theta_1$	折射角 θ_2	$\sin\theta_2$	折射率 n_{21}	n_{21} 平均值
1						
2						
3						百分誤差
4						
5						

3. 甘油

甘油的折射率公認值 = ＿＿＿＿＿＿＿

次數	入射角 θ_1	$\sin\theta_1$	折射角 θ_2	$\sin\theta_2$	折射率 n_{21}	n_{21} 平均值
1						
2						
3						百分誤差
4						
5						

二、壓克力磚對空氣之折射率

壓克力磚的折射率公認值 = _____

次數	θ_1	θ_2	θ_3	θ_4	$n_{21}=\dfrac{\sin\theta_1}{\sin\theta_2}$	$n_{34}=\dfrac{\sin\theta_4}{\sin\theta_3}$	$n=\dfrac{n_{21}+n_{34}}{2}$
1							
2							
3							
4							
5							

n 平均值 _____
百分誤差 _____

討論

問題

1. 半圓皿的厚度是否會影響所測液體的折射率？其原因為何？

2. 若你潛水至游泳池底做折射率實驗，在半圓皿內裝入酒精，並將半圓皿加蓋密封，則你所測得之酒精折射率比在空氣中測得之值大或小？若以你在本實驗中所測得之酒精對空氣之折射率平均值來計算，則在水中其值應為多少？

3. 試證明一光線自一介質經多個平行平面折射後回至原介質，其透射光線與入射光線互相平行。

4. 壓克力磚實驗中，你所量得之 θ_1 與 θ_4 是否相等？θ_2 與 θ_3 是否相等？他們為什麼應各自相等？若不相等，其原因何在？

實驗十七 光度測定實驗

一、目　的

測定光源之光度及驗證照度平方反比定律,並瞭解光度與照度之意義。

二、方　法

使用照度比較器測量不同光源在比較器上所量得的電壓相同時,量取它們所對應的距離,即可利用照度平方反比定律及已知光源光度,計算出未知光源的光度。

三、原　理

光源在每單位時間內輻射出來的可見光能量,稱為光通量(luminous flux),其單位為流明(lumen),以符號 lm 表示。一流明的定義為頻率為 5.40×10^{14} 赫茲的光源,1/683 瓦特的輻射功率。

光源的發光強度(luminous intensity),簡稱為光度,其定義為光源在某一方向上,單位立體角內的光通量。若光源在立體角 Ω 內之光通量為 F,則其光度 I 為

$$I = \frac{F}{\Omega} \quad \text{...} (1)$$

光度之單位為燭光(candela),以符號 cd 表示。一燭光的定義為頻率為 5.40×10^{14} 赫茲的光源,在一定方向上,單位立體強之輻射功率為 1/683 瓦特的光度。

對一被照體而言,在其單位面積上所接受的光通量,稱為照度(illumination)。

若被照體表面積 A 被照射的光通量為 F，則其照度 E 為

$$E = \frac{F}{A} \quad\quad\quad\quad\quad\quad\quad\quad\quad\quad\quad\quad\quad\quad\quad\quad\quad\quad\quad\quad (2)$$

照度之單位為流明/公尺^2（lm/m^2），又可以勒克斯（lux）稱之，簡記為 lx。

將 (1) 式和 (2) 式合併，得照度與光度的關係為

$$E = \frac{I\Omega}{A} \quad\quad\quad\quad\quad\quad\quad\quad\quad\quad\quad\quad\quad\quad\quad\quad\quad\quad\quad\quad (3)$$

若光源為一點光源，則在各方向之光度皆相同。如圖 17-1 所示，以點光源為球心，在半徑 r 的球面上取一面積 A，此面積對球心所張之立體角 Ω 為

$$\Omega = \frac{A}{r^2} \quad\quad\quad\quad\quad\quad\quad\quad\quad\quad\quad\quad\quad\quad\quad\quad\quad\quad\quad\quad (4)$$

立體角之單位為立體弳（sr），而全球面所張之立體角共有 4π 立體弳。將 (4) 式代入 (3) 式，可得

$$E = \frac{I}{r^2} \quad\quad\quad\quad\quad\quad\quad\quad\quad\quad\quad\quad\quad\quad\quad\quad\quad\quad\quad\quad (5)$$

(5) 式表示光線在垂直的被照面上（球面必與徑向垂直），其照度與光源之距離 r 平方成反比，與光源光度 I 成正比，此稱為照度平方反比定律。

假設有一光度為 I_1 的光源，與某一表面相距 r_1 時所產生的照度 E_1，等於另一光度為 I_2 的光源，與此表面相距 r_2 時所產生的照度 E_2，則由 $E_1 = E_2$ 可得

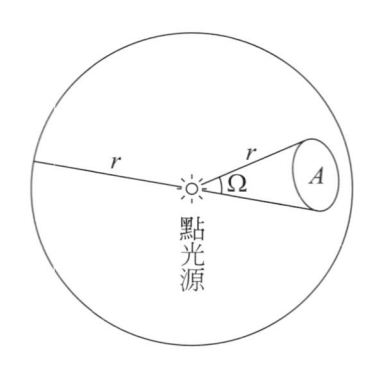

圖 17-1

$$\frac{I_1}{r_1^2} = \frac{I_2}{r_2^2} \quad \cdots\cdots (6)$$

若光度 I_1 為已知，則由實驗測得 r_1 及 r_2 之值，即可得 I_2 為

$$I_2 = \left(\frac{r_2}{r_1}\right)^2 I_1 \quad \cdots\cdots (7)$$

在實驗時，我們肉眼無法精確判斷照度是否相同，故必須藉由儀器來測量。本實驗使用一照度比較器連接接光器為測量照度的儀器，接光器表面有半導體材料，當其表面之照度改變時，材料之電阻大小隨之改變，故照度比較器上之電壓讀數跟著變化，此時電壓讀數即可代表照度的大小。於是有兩不同光源，在與接光器相距各為 r_1 及 r_2 時，在照度比較器上得到相同的電壓，即表示它們對接光器表面有相同的照度。

四、儀　器

　　光學台，照度比較器，光具滑座，已知光源，待測光源，接光器，耳機線，帶柄燈座附燈罩。

五、注意事項

1. 測量照度前須調整燈罩洞口與接光器口互相平行且在同一水平線上。
2. 換取燈泡時，請以軟布墊著，以免燙傷。

六、步　驟

1. 實驗儀器裝置如圖 17-2 所示，接通照度比較器之電源後，校正其電壓讀數。
2. 打開已知光源的電源後，調整光源與接光器的距離，使照度比較器的電壓讀數為 10 伏特，記錄此時兩者距離，是為 r_1。
3. 調整已知光源的位置，以改變與接光器之距離，使照度比較器之電壓讀數每增加 5 伏特就記錄兩者的距離 r_1，直到 30 伏特為止。
4. 依次換上不同待測光源，重複步驟 2、3，記錄在不同電壓讀數時所對應之光源與接光器的距離 r_2。

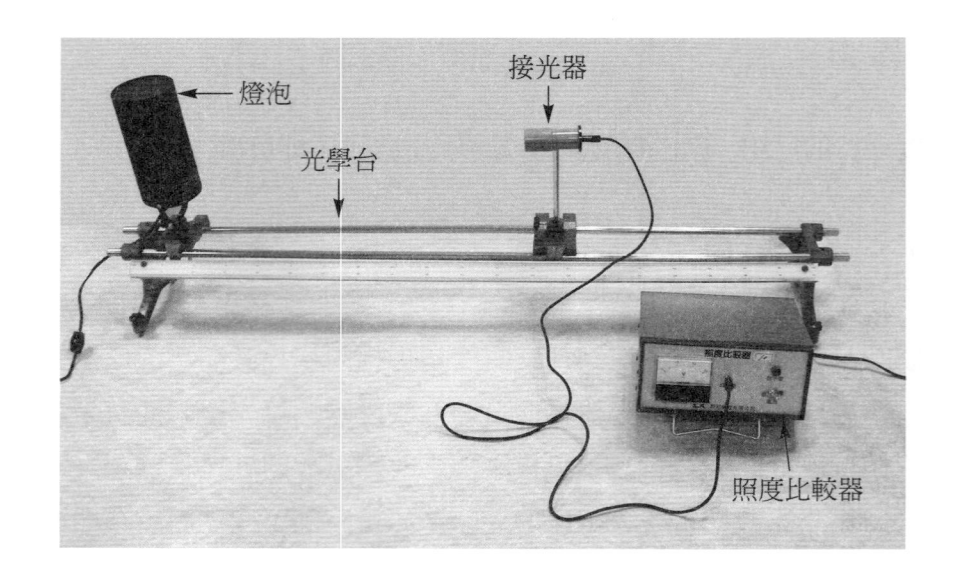

圖 17-2

5. 查出已知光源之發光強度 I_1，再將所量得之各組 r_1、r_2，代入公式 (7)，計算出待測光源之光度 I_2，並求 I_2 之平均值。

實驗十七

光度測定實驗報告

班級：＿＿＿＿＿＿＿＿　組別：＿＿＿＿＿＿＿＿　實驗日期：＿＿＿＿＿＿＿＿

座（學）號：＿＿＿＿＿＿＿＿＿＿　姓名：＿＿＿＿＿＿＿＿＿＿＿＿＿

同組同學座號及姓名：＿＿＿＿＿＿＿＿＿＿＿　評分：＿＿＿＿＿＿＿＿＿

實驗數據及結果

已知光源光度 I_1 = ＿＿＿＿＿＿＿＿＿＿

次數	電壓讀數 (V)	已知光源距離 r_1	待測光源 1 理論值：＿＿＿＿		待測光源 2 理論值：＿＿＿＿		待測光源 3 理論值：＿＿＿＿	
			距離 r_2	光度 I_2	距離 r_2	光度 I_2	距離 r_2	光度 I_2
1								
2								
3								
4								
5								
			I_2 平均值		I_2 平均值		I_2 平均值	
			百分誤差（%）		百分誤差（%）		百分誤差（%）	

討論

問題

1. 為何照度比較器上的電壓讀數可表示出照度大小？
2. 在光度為 100 燭光的燈泡正下方 200 公分處，某表面之照度為何？
3. 本實驗是否一定要在暗室中進行？試說明原因。

實驗十八　單狹縫繞射實驗

一、目　的

研究光之繞射現象，並測不同色光的波長。

二、方　法

利用不同顏色濾色片，將強光源過濾變為單色光，使單色光經由單狹縫產生繞射條紋，測出暗紋與中央亮紋的距離及單狹縫與針孔屏幕間距離，代入適當公式，即可算出該單色光的波長。

三、原　理

光的繞射現象與干涉現象一樣，都是光具有波動性質的明顯證據。繞射現象的產生，發生在光（或任何波動）遇到障礙物，物體邊緣或開孔時，我們在其後方，可觀察到光非直線前進的區域，並非全然黑暗，這好像光在碰到上列狀況時，其行進方向產生了彎曲，故稱之為繞射（diffraction）。

參考圖 18-1 所示，當一束波長為 λ 的單色平行光入射於一寬為 d 的單狹縫後，由於光波間的干涉作用，在屏幕 S 處可觀察到亮暗相間的繞射條紋，但這些條紋與雙狹縫干涉條紋之等寬度及等亮度並不相同，而是中央亮紋最亮最寬，兩旁亮紋寬度較小，且亮度遞減。

以圖 18-2 來分析繞射圖樣之亮暗紋發生的條件。相對於狹縫的寬度，狹縫至屏

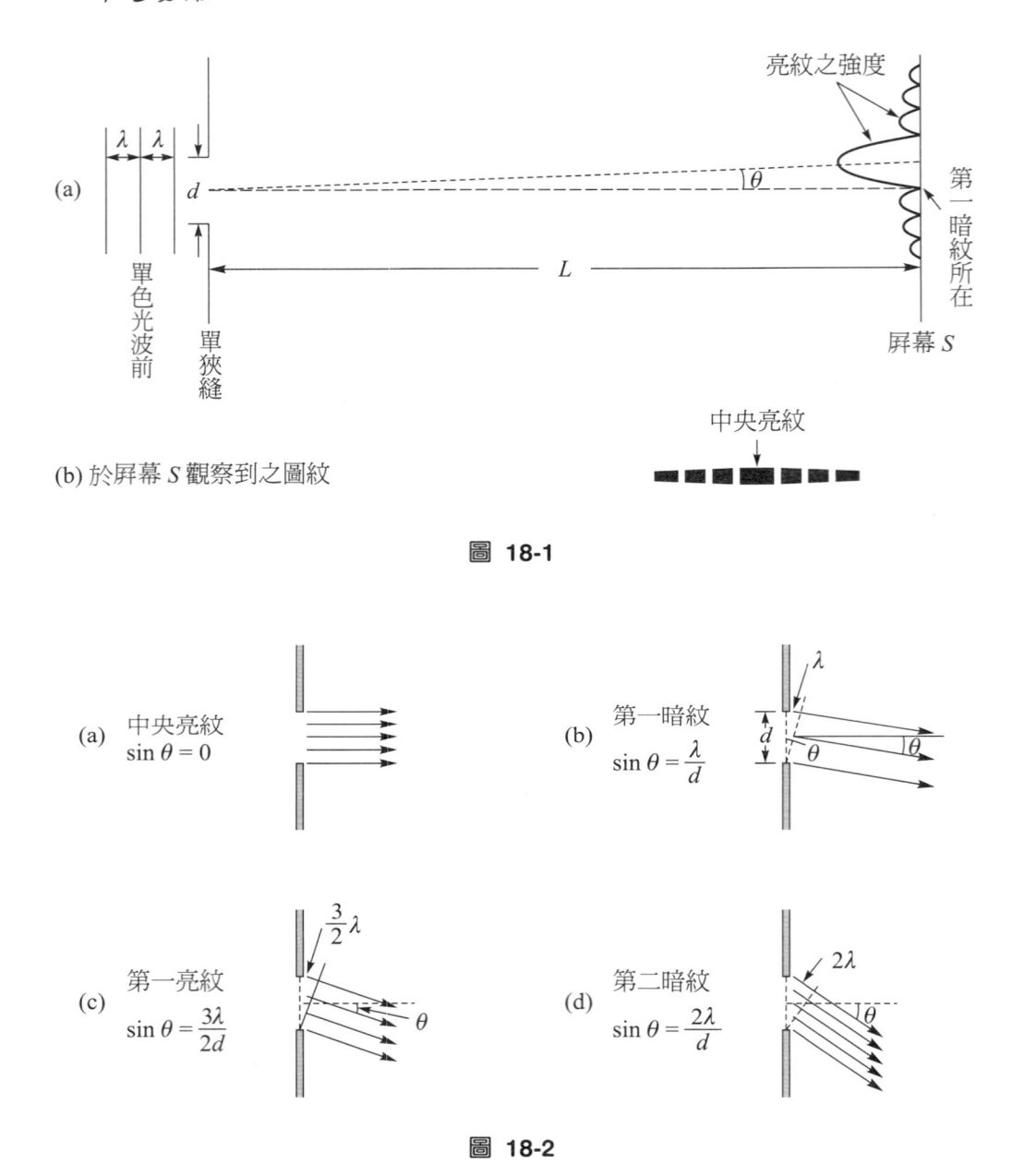

(a) 亮紋之強度　第一暗紋所在　屏幕 S

單色光波前　單狹縫

(b) 於屏幕 S 觀察到之圖紋　中央亮紋

圖 18-1

(a) 中央亮紋 $\sin\theta = 0$

(b) 第一暗紋 $\sin\theta = \dfrac{\lambda}{d}$

(c) 第一亮紋 $\sin\theta = \dfrac{3\lambda}{2d}$

(d) 第二暗紋 $\sin\theta = \dfrac{2\lambda}{d}$

圖 18-2

幕距離 L 遠大於 d，當光線通過狹縫後，可看成在狹縫處有數個點光源由此出發，當它們抵達 S 的中央點均無相位差，故產生建設性干涉，而形成中央亮紋 [參考圖 18-2(a)]。在中央亮紋兩旁各有一暗紋，稱為第一暗紋，此為破壞性干涉所在，如圖 18-2(b) 所示，將狹縫二等分，上部各點與下部各點至 S 產生第一暗紋處，皆可找到相位相差 $\dfrac{\lambda}{2}$ 的對應點光源，故其產生暗紋條件為

$$\frac{d}{2}\sin\theta = \frac{\lambda}{2} \quad 或 \quad d\sin\theta = \lambda \quad \text{...} (1)$$

同理，我們可將狹縫 4 等分，或 6、8、…2n 等偶數等分，均可找到對應相位差為 $\frac{\lambda}{2}$ 的點光源產生破壞性干涉，（參考圖 18-2(d)），故暗紋的產生條件為

$$\frac{d}{2n}\sin\theta = \frac{\lambda}{2}$$

或

$$\frac{d}{n}\sin\theta = \lambda \, , \, n = 1、2、3\ldots \quad \text{...} (2)$$

上二式中 θ 為屏幕上任一點 P 至中央亮紋中央點對狹縫中點的夾角。而產生其他亮紋的條件，如圖 18-2(c) 所示，將狹縫 3 等分，或 5、7、……(2n + 1) 等奇數等分，則成對之偶數等分可互相抵消，剩下一部分未破壞干涉者而產生亮紋，故其條件為

$$\frac{d}{2n+1}\sin\theta = \frac{\lambda}{2}$$

或

$$d\sin\theta = \left(n + \frac{1}{2}\right)\lambda \, , \, n = 1、2、3\ldots \quad \text{...} (3)$$

當 n 愈大，即亮紋離中央亮紋愈遠，其亮度愈弱，因其成對破壞後之剩餘部分愈來愈少。

在實驗中，若我們量得某一暗紋至中央亮紋中央線的距離 X，且狹縫至屏幕距離 L 遠大於 X，如圖 18-1 所示，則

$$\sin\theta \simeq \tan\theta = \frac{X}{L} \quad \text{...} (4)$$

將 (4) 式代入 (2) 式中，可得

$$\lambda = \frac{dX}{nL} \quad \text{...} (5)$$

故我們可由觀察繞射條紋，並利用 (5) 式，以測量某單色光的波長。

四、儀器和材料

強光源，光學台、光具滑座，彈簧夾座，單狹縫二片，針孔屏幕二片，濾色片（紅、綠、藍各一）。

五、注意事項

1. 強光源附有電扇以為散熱用。使用時應先將開關調至風扇數分鐘，使其正常運作後，再調至光源。實驗結束時，也應再調至風扇，使光源完全冷卻後，再關掉電源。
2. 針孔屏幕有四個小孔，最上端小孔為主光源，第二小孔為輔助光源，下端兩同高小孔為調直光源，其作用為調整狹縫與此二小孔連線之垂直關係。
3. 本實驗需在暗房進行。

六、步　驟

1. 選擇一紅濾色片、單狹縫和針孔屏幕，將它們以彈簧夾座及光具滑座固定住，置於光學台上，它們的排列位置如圖 18-3 所示。
2. 打開強光源之開關至風扇處數分鐘後，再打開光源。觀察者站在靠近單狹縫處，將眼睛貼近狹縫望向屏幕，屏幕四小孔皆有繞射條紋產生，此時請注意下端二同高小孔之繞射條紋是否有相互重疊，若否，則調整屏幕之方向，使之重疊，此時狹縫與屏幕之針孔光源成垂直關係。

圖 18-3

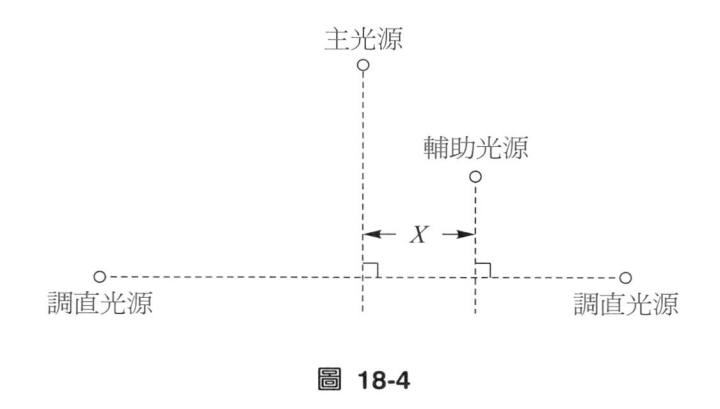

```
                主光源
                 ○
                 ┆
                 ┆    輔助光源
                 ┆     ○
                 ┆     ┆
                 ┆←X→┆
    ○ ┄┄┄┄┄┄┄┄┄┘    └┄┄┄┄┄┄┄┄ ○
   調直光源                      調直光源
```

圖 18-4

3. 調整狹縫與屏幕的距離 L，從狹縫觀察，使主光源的第一暗紋對準輔助光源中央亮紋的中央線，記錄此時 $n=1$，及距離 L。

4. 繼續改變狹縫與屏幕的距離，使主光源的第二、第三暗紋對準輔助光源的中央亮紋中央線，記錄此時 $n=2$ 或 3，及其對應之距離。

5. 讀出單狹縫寬度 d，並量出主光源與輔助光源的垂直距離 X（註1），將以上所得各數據，代入公式 (5)，依次求出波長，再求其平均值。

6. 依次改變綠及藍濾色片，不同寬度的單狹縫或針孔屏幕，重複以上步驟。

註1：針孔屏幕四小孔之相對位置及主光源與輔助光源的垂直距離 X 的關係，如圖 18-4 所示。

實驗十八　單狹縫繞射實驗報告

班級：_____　組別：_____　實驗日期：_____

座（學）號：_____　姓名：_____

同組同學座號及姓名：_____　評分：_____

實驗數據及結果

一、紅濾色片

單狹縫寬度 d (mm)	主光源與輔助光源垂直距離 X (mm)	第 n 條暗紋 n	狹縫與針孔屏幕距離 L (cm)	波長 λ (Å)	λ 平均值 (Å)
		1			
		2			
		3			
		1			λ 公認值
		2			
		3			
		1			百分誤差
		2			
		3			

注意：長度單位換算因數為　$1 \text{ cm} = 10 \text{ mm} = 10^8 \text{ Å} = 10^{-2} \text{ m}$

二、綠濾色片

單狹縫寬度 d (mm)	主光源與輔助光源垂直距離 X (mm)	第 n 條暗紋 n	狹縫與針孔屏幕距離 L (cm)	波長 λ (Å)	λ 平均值 (Å)
		1			
		2			
		3			
		1			λ 公認值
		2			
		3			
		1			百分誤差
		2			
		3			

三、藍濾色片

單狹縫寬度 d (mm)	主光源與輔助光源垂直距離 X (mm)	第 n 條暗紋 n	狹縫與針孔屏幕距離 L (cm)	波長 λ (Å)	λ 平均值 (Å)
		1			
		2			
		3			
		1			λ 公認值
		2			
		3			
		1			百分誤差
		2			
		3			

討 論

問 題

1. 繞射條紋之中央亮紋,其寬度是否與其他亮紋寬度相同?其關係為何?
2. 單狹縫寬度的大小和繞射條紋寬度的大小有何關係?
3. 本實驗若不使用濾色片,則你會觀察到什麼現象的繞射條紋?其原因為何?
4. 本實驗為何需要使用濾色片?

實驗十九　電力線分佈實驗

一、目　的

畫出不同電極形狀的等位線及電力線分佈。

二、方　法

將具有不同電極形狀的碳板與串聯電阻組並聯後，以一探針接檢流計，以此探針於碳板上尋找數個相同電位的點，將這些點連成等位線。改變檢流計另一接觸端的位置，求出不同電位的等位線數條，再應用等位線與電力線互相垂直的原理，畫出數條電力線的分佈。

三、原　理

庫侖（Coulomb）於 1785 年經由實驗得知，兩點電荷間所產生的靜電力大小 F_e 與兩者距離平方成反比，而與帶電量乘積成正比，此為庫侖定律，即

$$F_e = k\frac{qQ}{r^2} \quad \quad (1)$$

上式中 k 為常數與系統單位及所在介質相關，r 為距離，q 及 Q 為電量。q、Q 電性相同則 F_e 為排斥力，q、Q 電性相異則 F_e 為吸引力。

由 (1) 式可知，兩電荷不需接觸即可產生交互作用，故靜電力為一超距力，超距力之傳送機制及時間，易引起困擾，以前很多科學家嘗試去解釋，但都無法獲得

證實，現代則以"場"的觀念來描述。

在一帶電體 Q 的附近，放置一電荷 q，則可觀察到二者的靜電力作用。我們考慮無論 q 是否在 Q 附近，帶電體 Q 會在其附近空間建立一電場（electric field），若將一測試電荷 q 放入此空間，則 q 立即與電場交互作用。此電場之強度 $\vec{E}$ 定義為一單位電荷放置於該點上所受的靜電力 $\vec{F}_e$，即

$$\vec{E} = \frac{\vec{F}_e}{q} \quad \cdots\cdots\cdots\cdots\cdots\cdots\cdots\cdots\cdots\cdots\cdots\cdots\cdots\cdots\cdots\cdots\cdots\cdots\cdots\cdots\cdots\cdots\cdots\cdots\cdots (2)$$

$\vec{E}$ 的方向為正電荷在電場內受力之方向。電場強度之大小與建立此電場的帶電體之電量 Q 及空間中某點至 Q 的距離 r 相關，與測試電荷 q 無關。以點電荷為例，假如建立電場分佈之帶電體 Q 為一點電荷，則將 (1) 式代入 (2) 式可得

$$E = k\frac{Q}{r^2} \quad \cdots\cdots\cdots\cdots\cdots\cdots\cdots\cdots\cdots\cdots\cdots\cdots\cdots\cdots\cdots\cdots\cdots\cdots\cdots\cdots\cdots\cdots\cdots\cdots\cdots (3)$$

法拉第（Faraday）約於 1840 年左右引入電力線（lines of electric force）的觀念，來描述空間電場的分佈情況。以一很小的正測試電荷放入電場中，將其因受電力而運動之路徑連續描出，即為一條電力線，將測試電荷放於不同位置而逐一畫出數條電力線，則可瞭解電場的分佈。

電力線並具有下列特性：

1. 電力線為一連續曲線，總是由正電荷開始而終止於負電荷。
2. 電場中任一點的電場方向以電力線的切線方向來表示，如圖 19-1 所示。

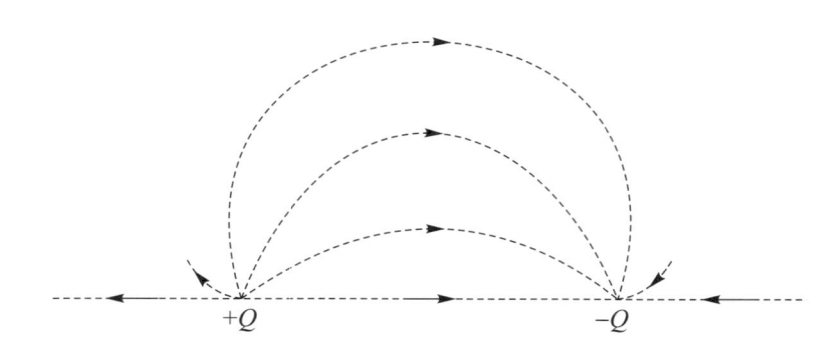

圖 19-1 圖中虛線表示電力線，箭頭表示電場方向

3. 電場強度正比於電力線密度，電力線密集處，電場較大，疏鬆處電場較小。
4. 任二條電力線不會相交。

在電場 $\vec{E}$ 中，一電荷 q 受電力作用會改變其運動速度，若我們施一外力 $\vec{F} = -q\vec{E}$ 使 q 作等速運動（即動能不變），則此外力對 q 所作的功 W 會以電位能的形式儲存起來，即

$$W = \Delta U = U_f - U_i = -\int_i^f q\vec{E} \cdot d\vec{r} \quad\quad\quad\quad\quad\quad\quad\quad (4)$$

上式 ΔU 為位能變化量，U_f 及 U_i 表示最終及起始位能。$d\vec{r}$ 為位移，此功與電荷移動路徑無關，只與前後兩位置相關，因此另定義電位差 ΔV 為每單位電荷電位能之變化量，即

$$\Delta V = \frac{\Delta U}{q} = -\int_i^f \vec{E} \cdot d\vec{r} \quad\quad\quad\quad\quad\quad\quad\quad (5)$$

ΔV 僅與建立電場之電荷源相關，與測試電荷 q 無關。若已知測試電荷前後所在位置的電位 V_i 及 V_f，則 (4) 式可改為：

$$W = q\Delta V = q(V_f - V_i) \quad\quad\quad\quad\quad\quad\quad\quad (6)$$

一般說來，我們了解電位差比知道 V_i 及 V_f 值重要。因此有時任選某些位置為零電位當做參考點，例如無窮遠處。在電子電路中，則常選接地處為零電位。

在電場中有許多點具有相同的電位，將這些點連接起來，則可構成一等位面或等位線。電場內有許多不同的等位面（線），各面（線）之電位均不相同，因此任二等位面（線）永不相交。在同一等位面（線）上任二點間無電位差，故電荷在其上移動不須作功，若在導體內，無電位差則不產生電流，並對應至公式 (4) 可知，此時電場 $\vec{E}$ 和位移 $d\vec{r}$ 垂直，即電場在等位面（線）上無切線分量，故電場必與此面（線）垂直，則電力線當然也與等位面（線）互相垂直。因此，若能畫出空間（或某平面）等位面（線）的分佈，即可找出電力線的分佈情形。

本實驗利用如圖 19-2 之裝置，觀察等位線及電力線之分佈。將具有一對電極的碳質畫板和一組串聯電阻並聯後與直流電源連接。通電後，碳板上兩電極分別充滿正及負電荷而產生一電場。串聯電阻組則與電源形成一通路而產生電流，電流流經

182　物理實驗

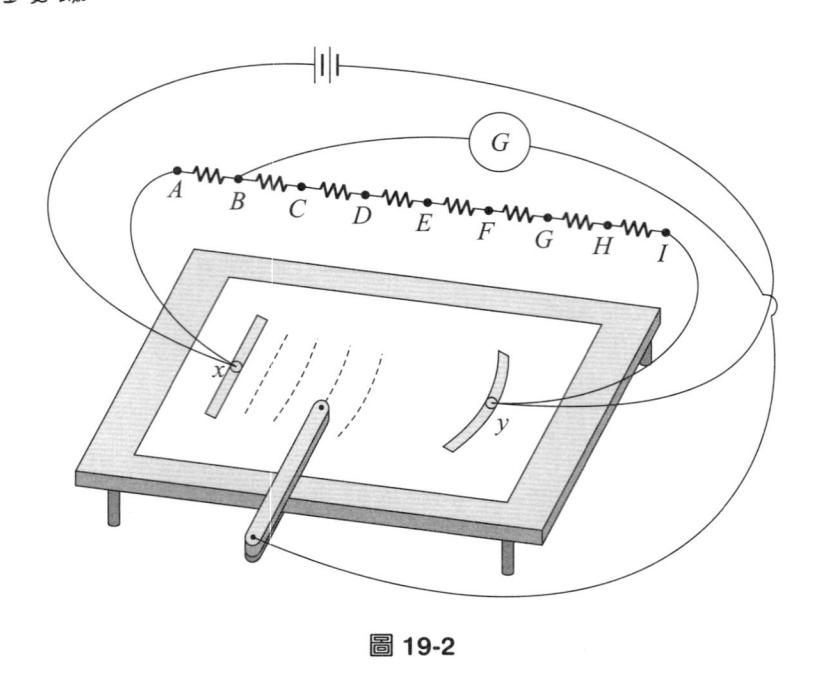

圖 19-2

每一電阻即會產生電位差,而串聯電阻組之起始端 A 和終止端 I 分別與兩電極並聯,故兩電極間的電位差 ΔV 與 A、I 間的電位差相等。若有 8 個相同大小之電阻形成此串聯電阻組,則每一電阻兩端的電位差 $V_{AB} = V_{BC} = \ldots = V_{HI} = \frac{1}{8}V_{AI}$。此時我們將檢流計之一端與任二相鄰電阻的接點(如 B、C、⋯、H 各點)連接,另一端則與一探針連接,將探針觸及畫板並在其上移動,當觀察到檢流計無偏轉,則探針所接觸的位置就與該接點之電位相同,多找幾個等電位的點,即可畫出一條等位線。依此類推,改變不同的電阻接點,就可畫出不同的等位線。最後,再應用電力線與等位線互相垂直的關係,畫出電力線的分佈情形。

四、儀器及材料

　　電力線分佈實驗裝置(直流電源供應器、檢流計、串聯電阻組),電極碳質畫板六種,探針,連接線,繪圖紙六張。

五、注意事項

1. 碳板面朝下,光滑面朝上。
2. 勿過分用力使用探針,以免損壞碳質畫板。

3. 選點要分佈均勻。

六、步　驟

1. 選一電極碳板，將繪圖紙置於其上，描繪電極形狀。畫好後將碳板面朝下放於電力線分佈實驗裝置上，並將繪圖紙置於畫板光滑面上，但要注意紙上形狀須與碳板電極形狀對應。

2. 將線路連接成如圖 19-2 所示，以連接線將直流電源與 x、y 兩處連接。並將串聯電阻組之兩端點 A、I 分別與 x、y 連接。檢流計一端連接串聯電阻組的某接點（先接 B 點），另一端則接至 U 型探針。

3. 檢查線路確定接正確後，打開電源。將檢流計先調整於粗調位置，移動探針（探針頭務必與碳板面接觸），當檢流計之指針在零讀數左右一小格時，調整為細調位置，再移動探針，使檢流計之讀數為零，此時探針頭所指位置即與串聯電阻組上某接點的電位相等，請以鉛筆在繪圖紙上描出此點。

4. 繼續移動探針，尋找至少 7 個其他等電位的點（這些點不要太密集）並一一於紙上繪出。將紙上等電位的點以平滑曲線連接，則成一條等位線。

5. 依序改變檢流計與串聯電阻組的接點（順序為 C、D、E、F、G、H），重複以上步驟，分別繪出其等位線。

6. 將繪圖紙取下，以電力線與等位線相互垂直之原理，繪出 5 條電力線（電力線也應為平滑曲線）。

7. 更換其他電極碳板，重複上述步驟。

實驗十九

電力線分佈實驗報告

班級：_____　組別：_____　實驗日期：_____

座（學）號：_____　姓名：_____

同組同學座號及姓名：_____　評分：_____

實驗數據及結果

　　附上實驗之繪圖紙，紙上除了畫出等位線及電力線分佈圖外，各電極形狀也須畫出，且與碳質畫板上之形狀同大小。

討論

問題

1. 何謂等位線？為何任二條等位線永不相交？
2. 何謂電力線？為何任二條電力線永不相交？
3. 為何等位線與電力線會互相垂直？
4. 試測量實驗裝置中串聯電阻組之起始端 A 與終止端 I 之間的電位差 ΔV 為何？若串聯電阻組的各電阻值皆相同，則實驗結果中，任二條相鄰等位線之電位差為何？

實驗二十　電阻測定實驗

一、目　的

應用惠斯登電橋原理，測量待測金屬線的電阻並瞭解電阻大小與材料、長度及截面積的關係。

二、方　法

將線路連接成惠斯登電橋的型式，其中一已知電阻為可調式箱型電阻，另二已知電阻以一滑線電阻取代，再配合一檢流計測量待測金屬線的電阻。同時觀察相同材料但不同長度或不同線徑（截面積）的數條電阻線，比較它們的電阻大小關係，並求出該材料之電阻係數。另測一不同材料的電阻線，比較其電阻係數是否相同。

三、原　理

想要測量電阻的大小，除了利用電表測量外，另有一常用方法為惠斯登電橋（Wheatstone bridge），且此法存在之系統誤差較少。圖 20-1 所示為惠斯登電橋之電路圖，利用三個已知電阻 R_1、R_2、R_3 和一個檢流計，測量未知電阻 R_x。此電路通電後，觀察檢流計是否有偏轉現象產生，有偏轉則表示有電流流過 CD 電路，此時調整 R_1、R_2 或 R_3 的大小，直到檢流計沒有偏轉，則 CD 電路無電流流過，如此即可測出未知電阻 R_x 的大小。

無電流流過 CD 電路，即表示 C、D 二點之電位相同，此時 AC 間的電位差

图 20-1

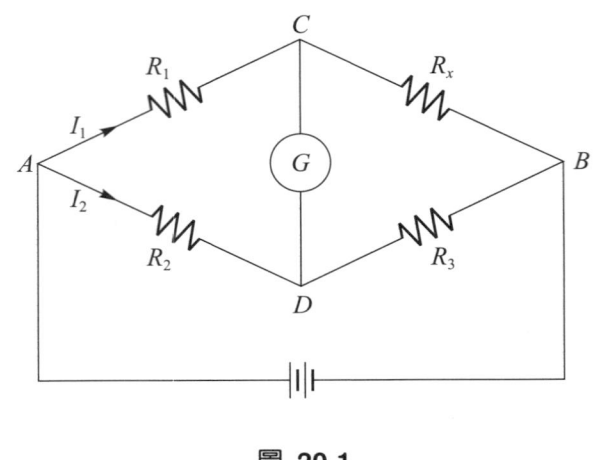

V_{AC} 與 AD 間的電位差 V_{AD} 相等，即 $V_{AC} = V_{AD}$，若流經 R_1 的電流為 I_1，流經 R_2 的電流為 I_2，則

$$I_1 R_1 = I_2 R_2 \quad\quad\quad\quad\quad\quad\quad\quad\quad\quad\quad\quad\quad\quad\quad\quad\quad\quad (1)$$

同樣地 CB 間的電位差 V_{CB} 與 DB 間的電位差 V_{DB} 相等，即 $V_{CB} = V_{DB}$，且無電流流經 CD 電路，故流經 R_x 的電流為 I_1，流經 R_3 的電流為 I_2，則

$$I_1 R_x = I_2 R_3 \quad\quad\quad\quad\quad\quad\quad\quad\quad\quad\quad\quad\quad\quad\quad\quad\quad\quad (2)$$

將 (1)，(2) 兩式相除，得

$$\frac{R_1}{R_x} = \frac{R_2}{R_3}$$

$\therefore \quad\quad R_x = \dfrac{R_1 R_3}{R_2} \quad\quad\quad\quad\quad\quad\quad\quad\quad\quad\quad\quad\quad\quad\quad\quad\quad (4)$

利用 (4) 式，即可求出待測電阻 R_x 之值。但在實驗室中同時調整數個電阻來測 R_x，實屬不易，故我們用一條線徑均勻的直導線來替代 R_2 和 R_3 的位置，如圖 20-2 所示，並以一可移動的探針連接檢流計，使探針在導線上滑動，尋找檢流計不偏轉時探針所在的位置 D，量出此時 AD 間的導線長 l_2 及 DB 間的導線長 l_3，並配合已知電阻 R_1，即可求出 R_x。

為何量出導線長 l_2 及 l_3 可替代 R_2 及 R_3 之值？這與導體的電阻，不僅與所用

圖 20-2

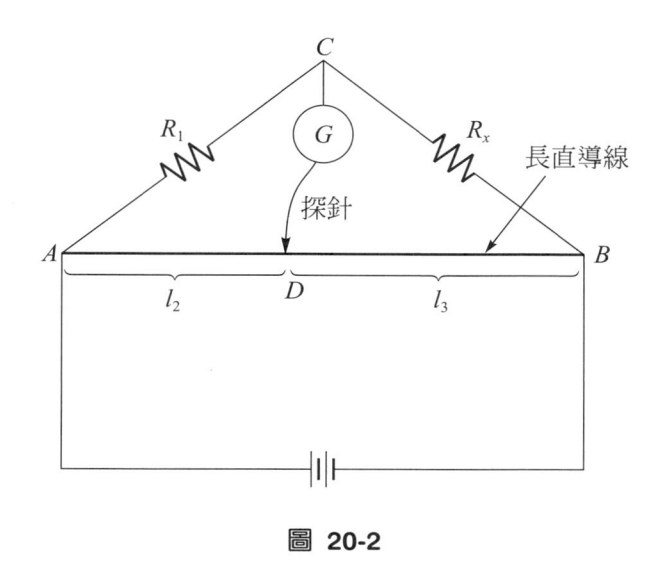

材料有關，也與其長度和截面積相關。當一導體被製成均勻截面積為 A，長度為 L 的導線時，其電阻 R 為

$$R = \rho \frac{L}{A} \quad \quad \quad \quad \quad \quad \quad \quad \quad \quad \quad \quad \quad \quad \quad (5)$$

上式 ρ 稱為電阻係數，其值會因材料的不同而異。相同材料之導線其電阻與長度成正比，與截面積成反比。在圖 20-2 之電路中，l_2 及 l_3 之截面積相同且為同材料，故其對應之電阻 R_2 及 R_3 的比值為

$$\frac{R_2}{R_3} = \frac{l_2}{l_3} \quad \quad \quad \quad \quad \quad \quad \quad \quad \quad \quad \quad \quad (6)$$

將 (6) 式代入 (4) 式可得

$$R_x = \frac{l_3}{l_2} R_1 \quad \quad \quad \quad \quad \quad \quad \quad \quad \quad \quad \quad \quad (7)$$

故已知 R_1、l_2 及 l_3，即可測得 R_x。

四、儀器及材料

滑線電阻（底板、電阻線、米尺），探針，十進電阻箱，檢流計，直流電源，連接線，待測電阻線五組。

五、步　驟

1. 將線路連接成如圖 20-3 所示，R_1 接十進式電阻箱，R_x 接待測電阻線 No.1。
2. 將電阻 R_1 調整為 100 Ω，請老師檢查線路，確定接正確後通電。
3. 使探針觸及滑線電阻之中點，觀察檢流計是否有偏轉，有偏轉則將探針向左或向右滑動，直到檢流計不再偏轉，測量並記錄此時探針兩側之滑線電阻線長 l_2 及 l_3。利用公式 (7) 算出電阻線 No.1 的電阻 R_x。
4. 依次改變 R_1 為 150 Ω 及 200 Ω，重複步驟 3，求出各次 R_x，並算出 No.1 的電阻 R_x 平均值。
5. 將 R_x 處依序改接電阻線組 No.2～No.5 重複步驟 2～4，求出各組電阻線的電阻 R_x。
6. 查出各組電阻線的材料、長度 L 及線直徑 d，並算出截面積 A，再利用公式 (5) 求出電阻係數 ρ。

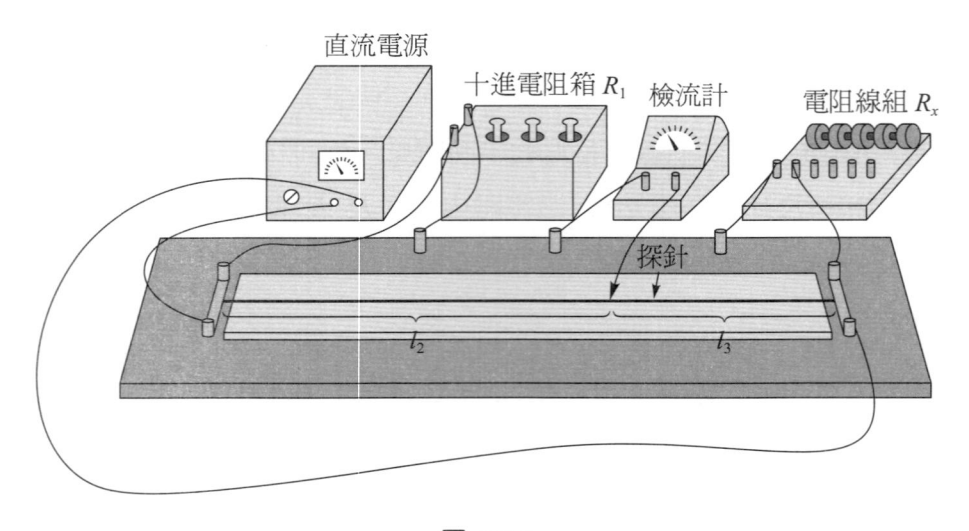

圖 20-3

電阻測定實驗報告

班級：_____ 組別：_____ 實驗日期：_____

座（學）號：_____ 姓名：_____

同組同學座號及姓名：_____ 評分：_____

實驗數據及結果

一、電阻線組的電阻

電阻編號	次數	十進電阻箱 R_1 (Ω)	l_2 (cm)	l_3 (cm)	待測電阻 R_x (Ω)	R_x 平均值 (Ω)
No. 1	1					
	2					
	3					
No. 2	1					
	2					
	3					
No. 3	1					
	2					
	3					
No. 4	1					
	2					
	3					
No. 5	1					
	2					
	3					

二、電阻線組的電阻係數

電阻編號	電阻線材料	長度 L (m)	線徑 d (mm)	面積 A (mm^2)	電阻 R_x (Ω)	電阻係數 ρ (Ω-mm)	ρ 百分誤差
No. 1	Fe－Cr 80%　20%						
No. 2	Fe－Cr 80%　20%						
No. 3	Cu－Ni 54%　46%						
No. 4	Fe－Cr 80%　20%						
No. 5	Fe－Cr 80%　20%						

討論

問 題

1. 觀察所得同材料但不同幾何形狀之待測電阻線的實驗結果，請說明其長度愈長，則電阻愈大或愈小？而截面積愈大，則電阻愈大或愈小？
2. 不同材料的電阻係數 ρ 是否應相同？為什麼？
3. 若本實驗不以一滑線電阻來取代二已知電阻 R_2 及 R_3，而以另兩個十進電阻箱來作實驗，你認為將會遇到什麼困難？
4. 若滑線電阻粗細不均勻，則是否仍然可用公式 (7) 來計算待測電阻線的電阻 R_x？為什麼？

實驗二十一 克希荷夫定律實驗

一、目 的

由實驗驗證克希荷夫定律，並瞭解此定律在直流電路上之應用。

二、方 法

將三個電阻分別與一個或兩個直流電源連接，各別測量電路中各分支電流與各電阻兩端之電位差，並以克希荷夫定律計算理論值，以測量值與之比較。

三、原 理

在單一迴路電路中，以歐姆定律即可解得電流和電位差的關係。但在多迴路電路中，想要知道各分路電流與電位差的關係，就必須應用克希荷夫定律（Kirchhoff's Law）來解，方可得知。此定律分為電流定律和電位差定律兩部分。

1. **電流定律（簡稱 KCL）**：電路中任一節點（有電流分路的位置），均無電荷的堆積，即流入某節點的總電流等於流出某節點的總電流。若規定流入節點的電流方向為正，流出為負，則可說通向某節點之各分路電流的總和 ΣI 為零，即

$$\Sigma I = 0 \quad \quad (1)$$

其實電流方向正負的規定是任意的，但對各分路來講，一旦規定後，就必須前後一致。

2. **電位差定律（簡稱 KVL）**：電路中任何單一迴路，其電動勢的總和 ΣE，等於各電阻兩端電位降的總和 ΣIR，即

$$\Sigma E = \Sigma IR \quad \cdots\cdots\cdots (2)$$

以圖 21-1 為例，b、e 為節點，我們規定，I_1、I_2 流入 b 點，I_3 流出 b 點（在 e 點則 I_1、I_2 流出，I_3 流入），由 KCL 知

$$I_1 + I_2 - I_3 = 0 \quad \cdots\cdots\cdots (3)$$

應用 KVL 前，需先規定單一迴路電流方向，若迴路電流由電源正極流出，其電動勢為正；反之，則電動勢為負。若迴路電流方向與先前規定之 I_1、I_2 或 I_3 方向相同，則電阻之電位降為正；反之，則電位降為負。若規定圖 21-1 之 $abef$ 及 $bcde$ 迴路電流皆為逆時針方向，則在 $abef$ 迴路中

$$E_1 - E_2 = I_1 R_1 - I_2 R_2 \quad \cdots\cdots\cdots (4)$$

在 $bcde$ 迴路中

$$E_2 - E_3 = I_2 R_2 + I_3 R_3 \quad \cdots\cdots\cdots (5)$$

假設已知電動勢 E_1、E_2 及 E_3 為若干，電阻 R_1、R_2 及 R_3 為若干，代入 (3)、

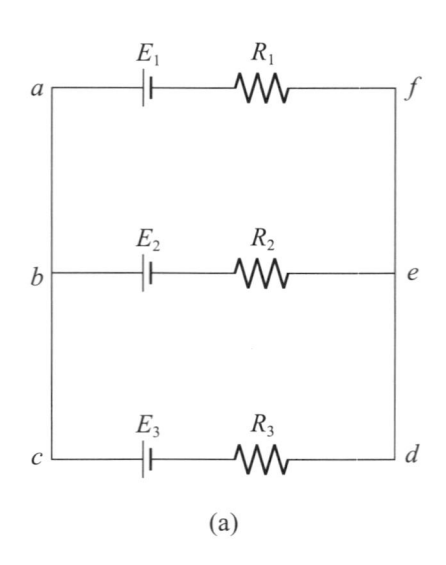

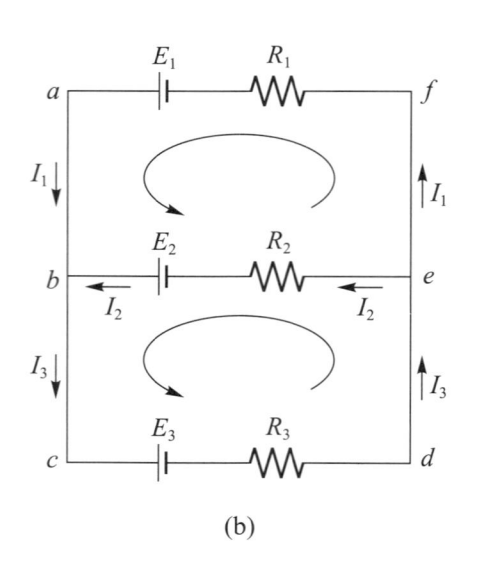

圖 21-1

(4)、(5) 三式中，解聯立方程式，可得電流 I_1、I_2 或 I_3 各為何。若解得之電流值為負，則表示實際電流方向與原先規定方向相反。

瞭解如何利用克希荷夫定律列出電流、電動勢及電阻的關係後，我們就可應用此定律計算多迴路電路，但必須先將電路圖描繪清楚，再將各節點之電流流入或流出方向，以及各單迴路電流方向規定好。

圖 21-2 所示為本實驗具有雙電源之電路圖，忽略電源 E_1、E_2 之內電阻，假設流經電阻 R_1、R_2 及 R_3 的電流為 I_1、I_2 及 I_3，其方向如圖所示，則對節點 e 而言，

$$I_1 + I_2 - I_3 = 0 \tag{6}$$

另規定 $abef$ 及 $bcde$ 迴路電流皆為順時針方向，則

$$E_1 - E_2 = I_1 R_1 - I_2 R_2 \tag{7}$$

$$E_2 = I_2 R_2 + I_3 R_3 \tag{8}$$

(6)、(7)、(8) 式中 E_1、E_2、R_1、R_2 及 R_3 若為已知，將其聯立可解得

$$I_1 = \frac{(R_2 + R_3)E_1 - R_3 E_2}{R_1 R_2 + R_2 R_3 + R_3 R_1} \tag{9}$$

$$I_2 = \frac{(R_1 + R_3)E_2 - R_3 E_1}{R_1 R_2 + R_2 R_3 + R_3 R_1} \tag{10}$$

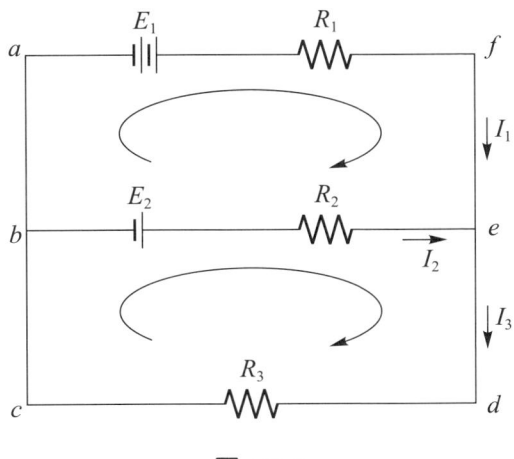

圖 21-2

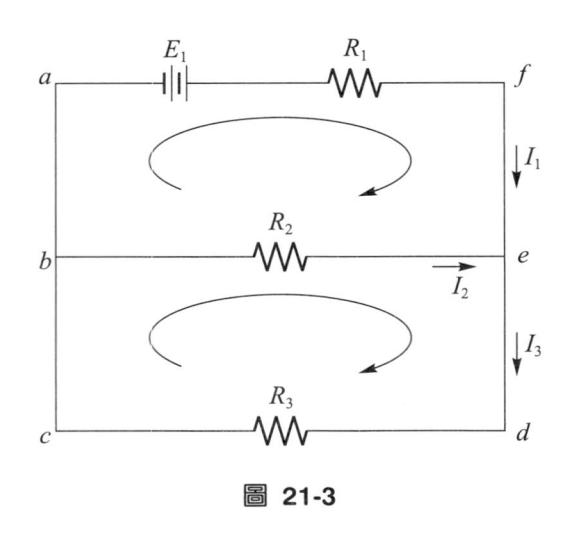

[圖 21-3]

$$I_3 = \frac{R_2 E_1 + R_1 E_2}{R_1 R_2 + R_2 R_3 + R_3 R_1} \quad \cdots\cdots (11)$$

如圖 21-3 所示，為另一單電源電路圖（$E_2 = 0$），若與圖 21-2 之規定皆相同，則可得

$$I_1 = \frac{(R_2 + R_3) E_1}{R_1 R_2 + R_2 R_3 + R_3 R_1} \quad \cdots\cdots (12)$$

$$I_2 = \frac{-R_3 E_1}{R_1 R_2 + R_2 R_3 + R_3 R_1} \quad \cdots\cdots (13)$$

$$I_3 = \frac{R_2 E_1}{R_1 R_2 + R_2 R_3 + R_3 R_1} \quad \cdots\cdots (14)$$

四、儀器及材料

克希荷夫定律實驗裝置（如圖 21-4 所示，包括兩組直流電源、三組電阻組、伏特計和毫安培計），連接線。

五、注意事項

1. 伏特計應與電阻並聯，安培計應與線路串聯。
2. 實驗時，必須注意安培計及伏特計之正負端子與線路連接時，不要接錯。若預測方向錯誤，需儘快更改，以免損壞電表。

實驗二十一　克希荷夫定律實驗　199

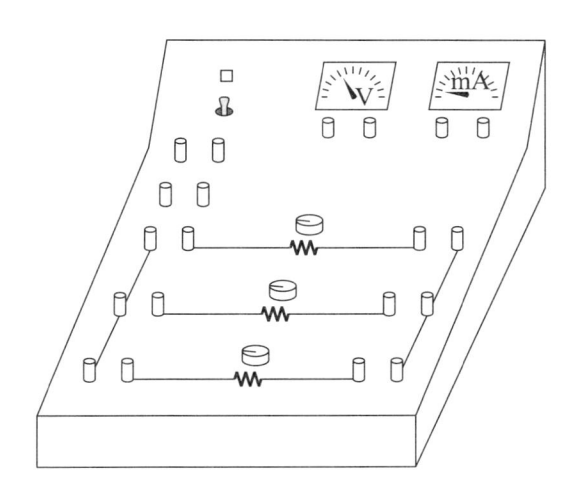

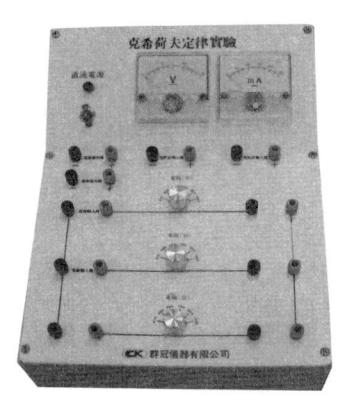

圖 21-4

六、步　驟

I、單電源電路

1. 選擇一直流電源，並在三個電阻組中各挑一電阻值，記為 R_1、R_2 及 R_3，將線路連接如圖 21-5 所示。

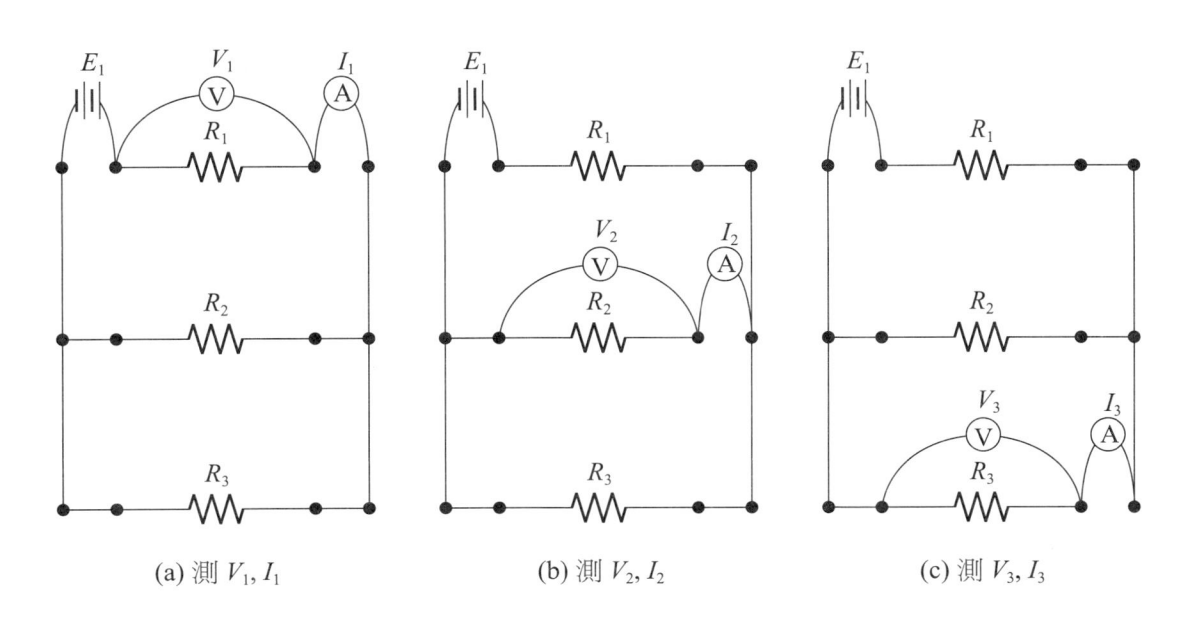

(a) 測 V_1, I_1　　(b) 測 V_2, I_2　　(c) 測 V_3, I_3

圖 21-5

200　物理實驗

2. 以伏特計分別測量電源電動勢 E_1 及各電阻兩端之電位差 V_1、V_2 和 V_3。
3. 以毫安培計分別測量各分路之電流 I_1、I_2 和 I_3。
4. 利用公式 (12)、(13)、(14) 計算電流理論值，與步驟 3 之測量值比較。
5. 利用歐姆定律 $V = IR$ 算出電位差理論值，與步驟 2 之測量值比較。
6. 改變 R_1、R_2 及 R_3 之值共三次，重複以上步驟。

II、雙電源電路

7. 將兩個直流電源皆與電路連接，並任選一組 R_1、R_2 及 R_3，將線路連接如圖 21-6 所示。
8. 以伏特計測量電源電動勢 E_1 及 E_2，且重複步驟 2～6，但利用公式 (9)、(10)、(11) 計算電流理論值。

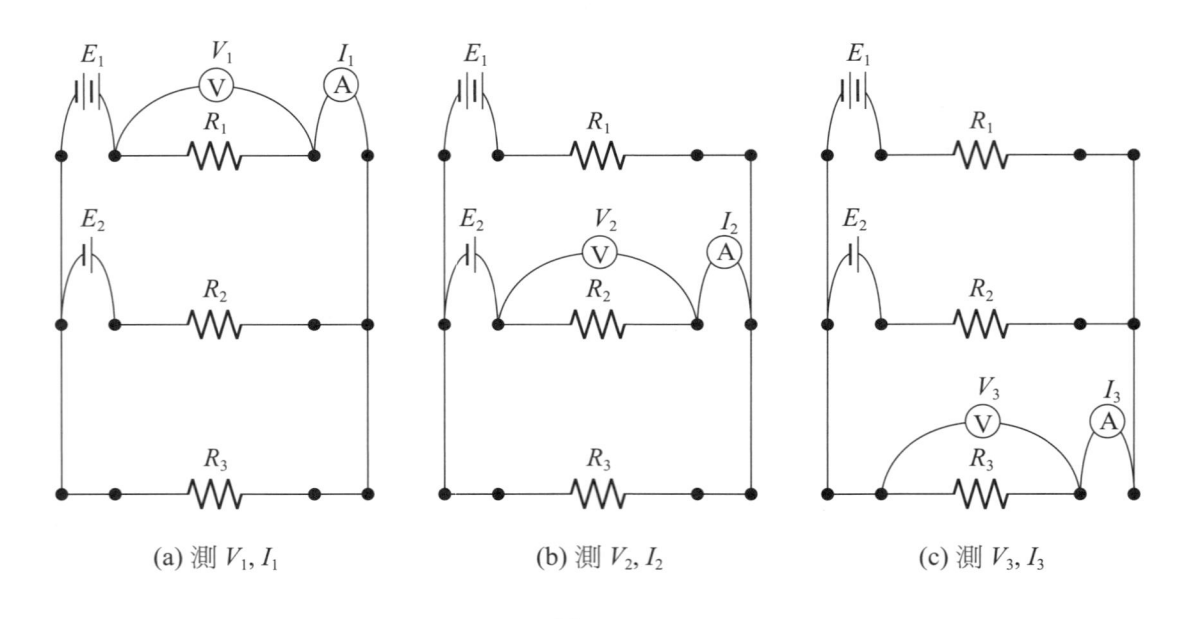

(a) 測 V_1, I_1　　(b) 測 V_2, I_2　　(c) 測 V_3, I_3

圖 21-6

克希荷夫定律實驗報告

班級：_____　組別：_____　實驗日期：_____

座（學）號：_____　姓名：_____

同組同學座號及姓名：_____　評分：_____

實驗數據及結果

一、單電源電路【※注意電流單位 $1\text{mA} = 10^{-3}\text{A}$】

	電動勢 E_1（V）	電阻（Ω） R_1	R_2	R_3	電流（mA） I_1	I_2	I_3	電位差（V） V_1	V_2	V_3
測 量 值	※	※	※	※						
理 論 值										
誤 差（%）	※	※	※	※						
測 量 值	※	※	※	※						
理 論 值										
誤 差（%）	※	※	※	※						
測 量 值	※	※	※	※						
理 論 值										
誤 差（%）	※	※	※	※						

二、雙電源電路【※注意電流單位 1mA = 10^{-3}A】

	電動勢（V）		電阻（Ω）			電流（mA）			電位差（V）		
	E_1	E_2	R_1	R_2	R_3	I_1	I_2	I_3	V_1	V_2	V_3
測 量 值	※	※	※	※	※						
理 論 值												
誤 差(%)	※	※	※	※	※						
測 量 值	※	※	※	※	※						
理 論 值												
誤 差(%)	※	※	※	※	※						
測 量 值	※	※	※	※	※						
理 論 值												
誤 差(%)	※	※	※	※	※						

討 論

問 題

1. 你的電流理論值，是否有些為負值？負值代表何意？

2. 實驗步驟 I 之單電源電路，可簡化為單一迴路電路，請你僅利用歐姆定律，計算電流 I_1、I_2 和 I_3 之值，並與利用克希荷夫定律計算之理論值比較，它們是否相同？（請用第一組數據計算）

3. 單電源電路中，你的 V_2、V_3 理論值是否應相同？為什麼？並查看 V_2 及 V_3 的測量值是否相等？

4. 在原理部分之圖 13-1 電路圖中，若 $E_1 = 20$ V，$E_2 = 18$ V，$E_3 = 7$ V，$R_1 = 7$ Ω，$R_2 = 5$ Ω，$R_3 = 3$ Ω，試求 I_1、I_2 和 I_3 各若干？並請計算 b、e 兩節點之電位差 $V_{be} = ?$

實驗二十二 基本電表使用實驗

一、目　的

瞭解檢流計、安培計及伏特計的構造及使用方法，並應用歐姆定律以安培計、伏特計測量電阻之大小。

二、方　法

首先瞭解檢流計、安培計及伏特計的設計原理，再以內跨法、外跨法和混合接法，將安培計與線路串聯，伏特計與電阻並聯，測出待測電阻的電流及電位差，應用歐姆定律求出電阻值。

三、原　理

檢流計為一能夠測量電路中微小電流的儀表裝置，若將其並聯或串聯一電阻，即可把它改裝為安培計或伏特計。

在實驗室中常用之檢流計為動圈式的，其設計如圖 22-1 所示，主要包括永久磁鐵的兩個凹磁極間置放一外繞線圈的圓柱形鐵心，此時在磁極與鐵心間之空氣穴會產生一均勻的徑向磁場（參考圖 22-2）。當線圈有電流通過則會受到磁力作用而轉動，並帶動線圈上方連接的指針偏轉，其偏轉角度可表示出電流的大小。此因在兩邊空氣穴的線圈電流方向相反，磁場方向相同，兩邊所受磁力方向相反，但對中心軸產生之力矩方向卻相同（參考圖 22-2），故線圈受此力偶矩 L_1 作用而轉動，且此

圖 22-1

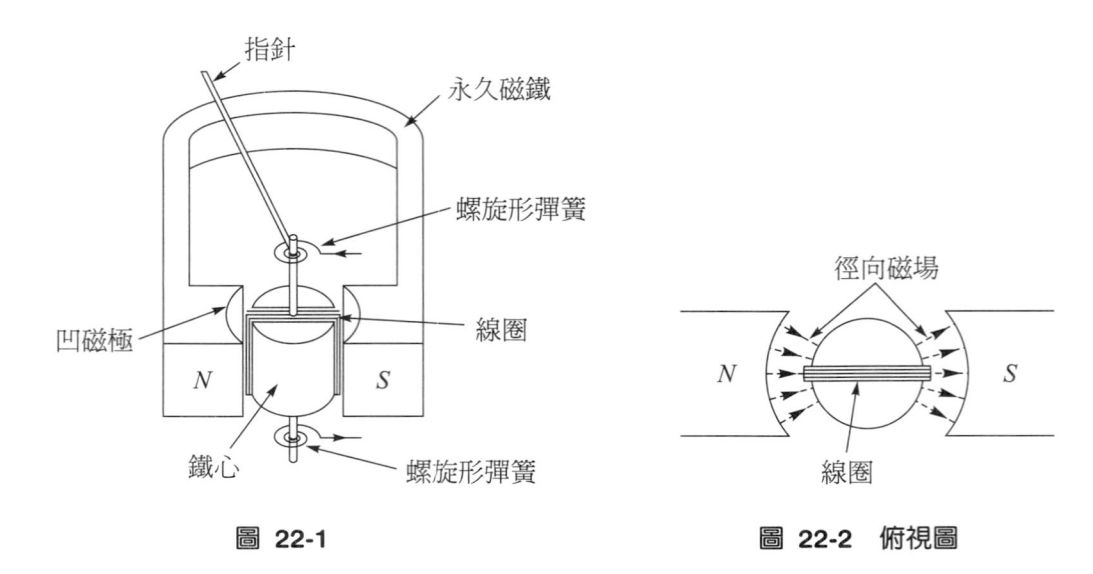

圖 22-2 俯視圖

力偶矩 L_1 與電流 I 成正比，其關係為

$$L_1 = NAIB \tag{1}$$

上式 N 為線圈匝數，A 為線圈所圍面積，B 為磁場強度。但線圈的偏轉，還會受到上、下兩控制彈簧的限制。此兩螺旋形彈簧，在線圈轉動時，會有一扭力產生力矩 L_2 與 L_1 方向相反，當線圈轉動 θ 角後停止，即表示 $L_1 = L_2$，而 L_2 與偏轉角度成正比（虎克定律），其關係式為

$$L_2 = K\theta \tag{2}$$

上式 K 為一常數，與彈簧材料及形狀有關。對於一製作良好的電表而言，N、A、B、K 皆為定值，故當 $L_1 = L_2$ 時

$$\theta = \left(\frac{NAB}{K}\right)I \tag{3}$$

上式即表示指針偏轉角度與電流成正比，因此電流大小可直接由角度大小讀出。

安培計之設計是由檢流計並聯一分流低電阻而成的。如圖 22-3 所示，檢流計內電阻 R_g，分流低電阻 R_s，當線路電流 I 流入安培計後，分流為 I_g 和 I_s。為保護檢流計，流過檢流計的電流 I_g 不可大於其額定電流，因此並聯一低電阻 R_s，使大部分的電流 I_s 流經 R_s。若欲使安培計測量範圍為檢流計的 n 倍，則分流電阻 R_s

圖 22-3　　　　　　　　　　　圖 22-4

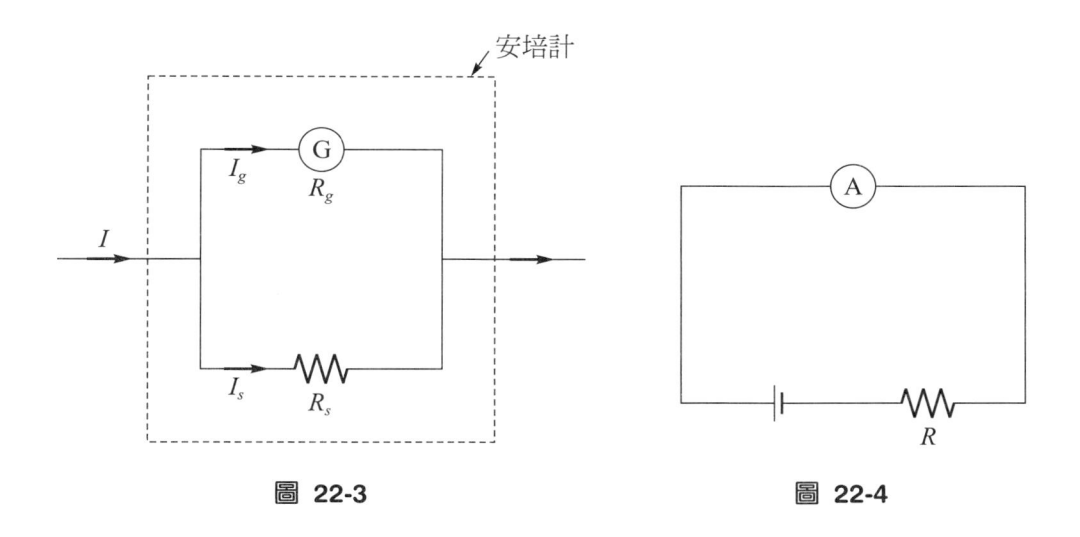

應為 R_g 的 $\frac{1}{n-1}$ 倍。此因

$$I = nI_g = I_g + I_s \quad\quad\quad\quad\quad\quad\quad\quad\quad\quad\quad\quad\quad\quad (4)$$

$$I_s = (n-1)I_g \quad\quad\quad\quad\quad\quad\quad\quad\quad\quad\quad\quad\quad\quad\quad\quad (5)$$

將 $I_s R_s = I_g R_g$（R_g 與 R_s 並聯，其電位差相等）代入 (5) 式，即可得

$$R_s = \frac{1}{n-1} R_g \quad\quad\quad\quad\quad\quad\quad\quad\quad\quad\quad\quad\quad\quad (6)$$

安培計在使用時，應與線路串聯，參考圖 22-4。

伏特計之構造為檢流計串聯一高電阻而成的。如圖 22-5 所示，檢流計內電阻 R_g，串聯高電阻 R_m。伏特計使用時，應與線路並聯（參考圖 22-6），為使流過伏特計的電流甚小，R_m 應為極大，使大部分的電位差 V_m 在 R_m 產生，而檢流計之電位差 V_g 只為一小部分。若欲使伏特計測量電位差的範圍為檢流計的 n 倍，則 R_m 應為 R_g 的 $(n-1)$ 倍。此因

$$V = V_g + V_m = nV_g \quad\quad\quad\quad\quad\quad\quad\quad\quad\quad\quad\quad (7)$$

$$V_m = (n-1)V_g \quad\quad\quad\quad\quad\quad\quad\quad\quad\quad\quad\quad\quad\quad (8)$$

V 為線路電位差，而 R_g 與 R_m 串聯，其電流相同，故可得

圖 22-5

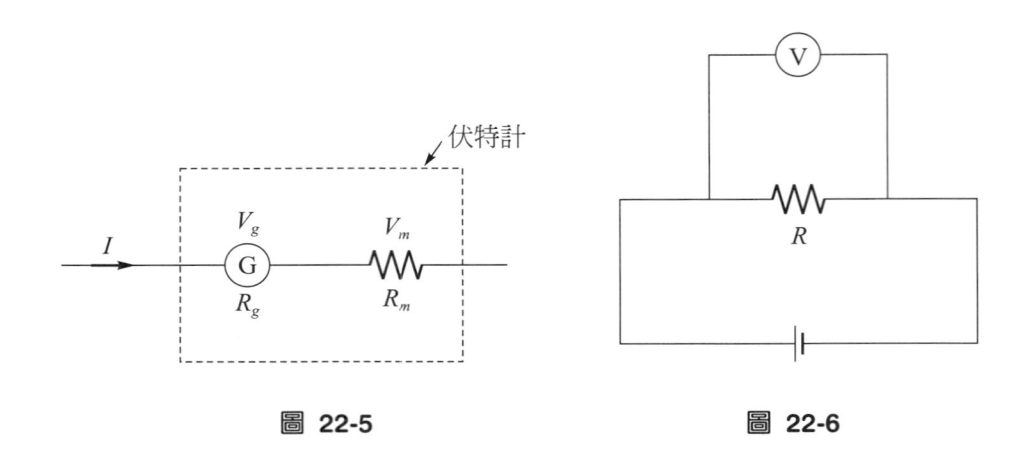

圖 22-6

$$R_m = (n-1)R_g \quad \quad \quad \quad \quad \quad \quad \quad \quad \quad \quad \quad \quad \quad \quad \quad \quad (9)$$

當我們要測量一電阻大小，則需將安培計與伏特計一起與線路連接，再將所量得之電位差 V 及電流 I 相除可得電阻值 R，即 $R = \dfrac{V}{I}$。但因安培計與伏特計均有內電阻，故會影響所測結果的精確度，一般有兩種接法各有不同的適用測量範圍。

(一) 內跨法（適合測量低電阻）

如圖 22-7 所示，將伏特計跨接於待測電阻 R 的兩端，因伏特計內電阻極大（一般在 $10^4\ \Omega$ 至 $10^6\ \Omega$ 間），當測較小電阻時，流過伏特計的電流 I_V 比流過電阻 R 的電流 I_R 小很多，即 $I_V \ll I_R$。安培計測得之電流為 $I = I_R + I_V$，而伏特計測得電阻兩端電位差為 V，故電阻實際值為

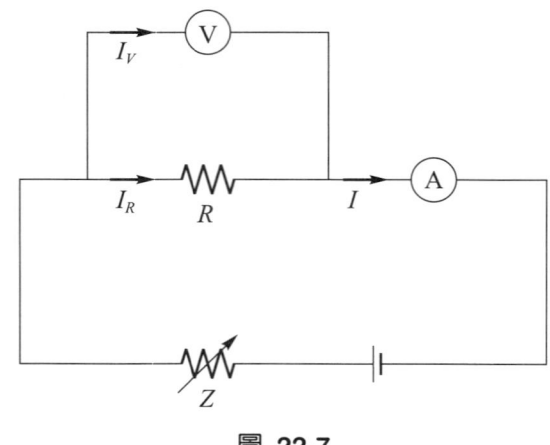

圖 22-7

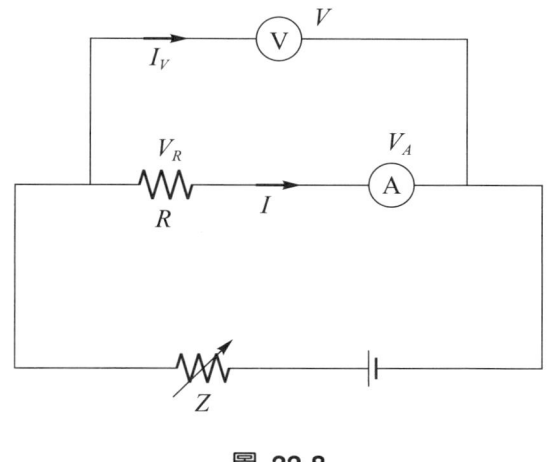

圖 22-8

$$R = \frac{V}{I_R} = \frac{V}{I - I_V} \simeq \frac{V}{I} \quad \text{..(10)}$$

因 $I_V \ll I_R$，可知 $I_V \ll I$，故電阻之測量值 V/I 與實際值相差甚小。

(二) 外跨法（適合測量高電阻）

　　如圖 22-8 所示，將伏特計外跨於待測電阻和安培計之外，因安培計內電阻極小（一般在 0.01 Ω 至 0.001 Ω 之間），當測較大電阻時，安培計兩端的電位差 V_A 比電阻兩端電位差 V_R 小很多，即 $V_A \ll V_R$。伏特計所測電位差 $V = V_R + V_A$，而安培計測得流過電阻的電流為 I，故電阻實際值為

$$R = \frac{V_R}{I} = \frac{V - V_A}{I} \simeq \frac{V}{I} \quad \text{..(11)}$$

因 $V_A \ll V_R$，可知 $V_A \ll V$，故電阻之測量值 V/I 與實際值相差甚小。

四、實驗儀器

　　電源供應器，可變電阻器，電阻箱，伏特計，安培計，連接線。

五、步　驟

Ⅰ、內跨法

1. 將線路連接成如圖 22-7 所示，電阻 R 以電阻箱替代。
2. 檢查所連接之線路無誤後，調整電阻箱為某一定值 R，打開電源，調整輸出後，觀察並記錄伏特計之讀數 V 及安培計之讀數 I。
3. 改變 R 值，重複步驟 2，共五次。
4. 計算各組數據之 V/I 值與電阻箱 R 值比較。

Ⅱ、外跨法

1. 將線路連接成如圖 22-8 所示，電阻 R 以電阻箱替代。
2. 檢查所連接之線路無誤後，調整電阻箱為某一電阻值 R，打開電源，調整輸出後，觀察並記錄伏特計讀數 V 及安培計讀數 I。
3. 改變 R 值，重複步驟 2，共五次。
4. 計算各組數據之 V/I 值與電阻箱 R 值比較。

Ⅲ、混合接法

1. 將線路連接成如圖 22-9 所示，電阻 R 以電阻箱替代。
2. 檢查所接線路無誤後，調整電阻箱為某一電阻值 R，打開電源調整輸出後，觀察

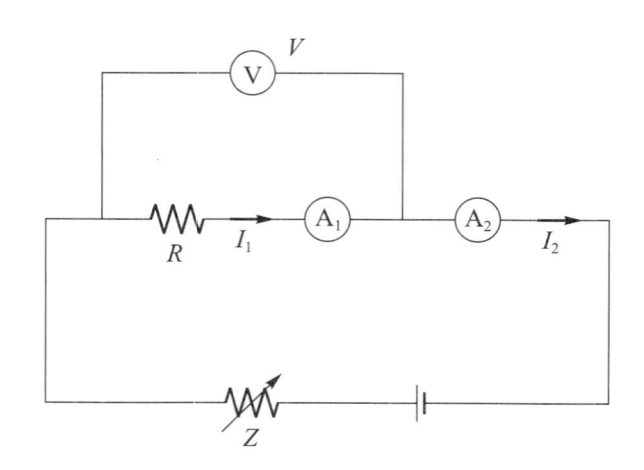

圖 22-9

並記錄伏特計讀數 V 及安培計 A_1、A_2 的讀數 I_1、I_2。
3. 改變 R 值，重複步驟 2，共五次。
4. 計算各組數據之 I_1R 與伏特計讀數 V 比較，並比較 I_1 與 I_2 是否相同。

基本電表使用實驗報告

班級：_____　組別：_____　實驗日期：_____

座（學）號：_____　姓名：_____

同組同學座號及姓名：_____　評分：_____

實驗數據及結果

一、內跨法

次數	電阻箱電阻 R (Ω)	伏特計讀數 V (Volt)	安培計讀數 I (mA)	$\dfrac{V}{I}$ (Ω)	百分誤差
1					
2					
3					
4					
5					

二、外跨法

次數	電阻箱電阻 R (Ω)	伏特計讀數 V (Volt)	安培計讀數 I (mA)	$\dfrac{V}{I}$ (Ω)	百分誤差
1					
2					
3					
4					
5					

三、混合接法

次數	電阻箱電阻 R (Ω)	伏特計讀數 V (Volt)	A_1 讀數 I_1 (mA)	A_2 讀數 I_2 (mA)	$I_1 R$ (Volt)	百分誤差
1						
2						
3						
4						
5						

討 論

問 題

1. 一檢流計之內電阻為 20 Ω，其所測之最大電流值為 50 μA，則應如何改裝檢流計成一安培計，使其所測之最大電流值為 2 A？
2. 一檢流計之內電阻為 20 Ω，其所測之最大電流值為 50 μA，則應如何改裝檢流計成一伏特計，使其所測之最大電位差值為 5 V？
3. 試比較內跨法及外跨法的適用測量範圍？
4. 試比較混合接法所測之 I_1 及 I_2 的異同？其原因為何？

實驗二十三

感應電動勢實驗

一、目　的

觀察電磁感應現象，並瞭解法拉第感應定律及楞次定律。

二、方　法

將檢流計與不同匝數的次線圈連接，分別以磁棒和通電流且中心孔中放入鐵棒的主線圈插入或抽出次線圈，觀察在次線圈中的感應電流方向和大小關係。另外，也觀察主線圈放入次線圈中心孔內，在主線圈通電及斷電瞬間對次線圈產生的感應電流方向和大小關係。

三、原　理

人類早在公元前就已發現了電和磁的一些個別現象，但在十九世紀前，科學家仍分別研究電學和磁學，到了十九世紀初葉，奧斯特（Hans Christian Oersted）著力於研究如何由電產生磁效應，這才揭開研究電和磁有關聯的序幕。在 1820 年，他發現一磁針置於通電流的導線附近，會有偏轉的現象產生，這顯示載流導線產生磁的效應與磁針交互作用。載流導線在附近產生的磁效應，我們稱之為磁場。磁場方向由右手定則決定，若為一長直導線，則右手大拇指指向電流方向，其他四根手指所指為磁場方向，如圖 23-1 所示。若導線繞成螺線圈，則四根手指指向電流方向而大拇指則指向磁場方向，如圖 23-2 所示。

218　物理實驗

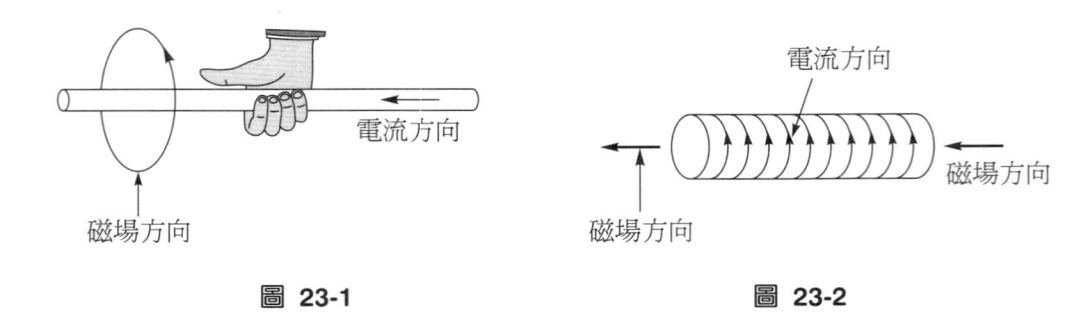

圖 23-1

圖 23-2

　　在 1830 年和 1831 年，亨利（Joseph Henry）和法拉第（Michael Faraday）分別發現如何將磁性轉變成電的效應，此效應稱爲電磁感應（electromagnetic induction），它包括兩種現象，第一種，當導體與磁場有相對運動時，導體內會產生電流。第二種，一隨時間變化的磁場，會在周圍產生一個電場，若有封閉導線線圈在附近，則產生電流。

　　總括前述兩種現象，要產生電磁感應，必須包含下列特徵之一：(1) 磁場強度變化，(2) 封閉導線所圍面積改變，(3) 封閉導線平面方向相對於磁場方向改變。爲敘述方便，我們將三個特徵合而爲一，定義一個新的物理量——磁通量（magnetic flux）Φ_B，對一均勻磁場及平面而言，穿過此平面之磁通量爲

$$\Phi_B = \vec{B} \cdot \vec{A} = BA\cos\theta \quad \text{...} (1)$$

上式 $\vec{B}$ 爲磁場強度，$\vec{A}$ 爲面積向量，θ 爲 $\vec{B}$ 與 $\vec{A}$ 之夾角。若磁場不均勻或非平面，則

$$\Phi_B = \oint \vec{B} \cdot d\vec{A} \quad \text{...} (2)$$

　　電流的產生需要電動勢才行，因此一封閉導線內的磁通量發生改變，則可感應出電動勢而產生感應電流。法拉第感應定律即爲：在一迴路中，感應電動勢的大小（ε）正比於迴路內磁通量對時間（t）的變化率。其關係爲

$$\varepsilon = -\frac{d\Phi_B}{dt} \quad \text{...} (3)$$

若爲 n 匝線圈之迴路，則 (3) 式改爲

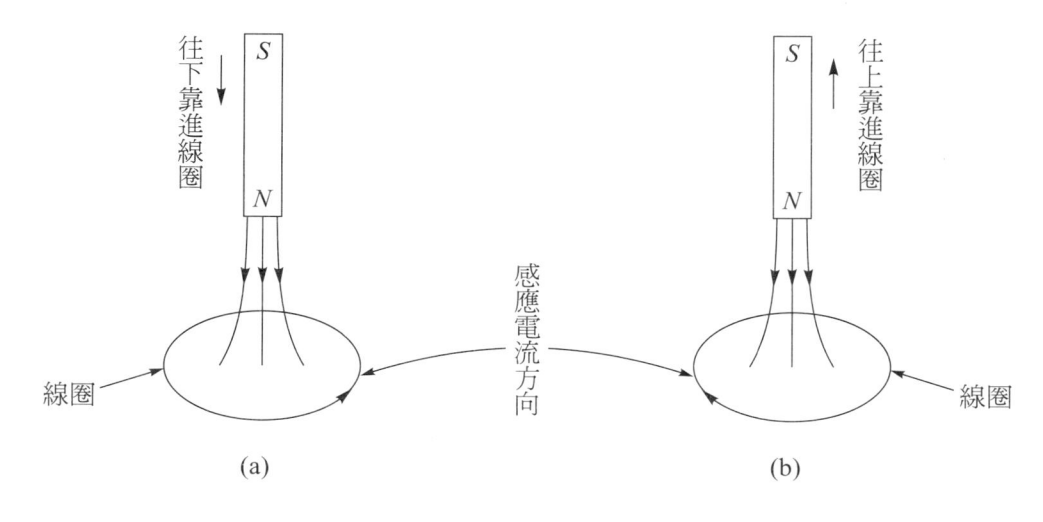

圖示 (a)：往下靠進線圈，S/N 磁棒（N 極向下）靠近線圈；(b)：往上靠進線圈，S/N 磁棒（N 極向下）遠離線圈。中間標示「感應電流方向」。

圖 23-3

$$\varepsilon = -n\frac{d\Phi_B}{dt} \quad \text{...} \quad (4)$$

(3)、(4) 二式中，負號是楞次（Lenz）對法拉第定律的修正，其意代表感應電動勢的產生是為了要反抗磁通量的變化，此稱為楞次定律。因此，你在將作的實驗中，會發現以磁棒 N 極向線圈靠近所感應之電流方向，與以 N 極遠離線圈之感應電流方向會相反。請參考圖 23-3 所示。

四、儀器及材料

主線圈，次線圈（內含 500 匝、1000 匝、1500 匝線圈），磁棒，鐵棒，檢流計，乾電池組，連接線。

五、注意事項

1. 勿將磁棒與鐵棒靠在一起，以免鐵棒被磁化。

六、步　驟

1、線圈與磁鐵間之感應

1. 檢流計與 500 匝次線圈串聯，手拿磁鐵棒，以 N 極向下快速插入次線圈內，觀察並記錄此時檢流計之偏轉方向。
2. 觀察磁鐵靜止在次線圈內，檢流計之偏轉方向。
3. 將磁鐵由次線圈快速抽出，觀察檢流計之偏轉方向。
4. 將磁鐵改以 S 極向下，重新做插入、靜止和抽出次線圈的動作，分別觀察檢流計之偏轉方向。
5. 分別改變與檢流計串聯之次線圈匝數為 1000 匝和 1500 匝，重複以上步驟。
6. 磁棒不動使次線圈分別向磁棒之 N 極及 S 極靠近和遠離，觀察不同匝數次線圈之感應電流方向。
7. 比較不同匝數次線圈的感應電流大小。
8. 另觀察磁鐵快速和慢慢插入及抽出 1500 匝次線圈，其感應電流大小。

II、線圈與線圈之感應

1. 次線圈仍與檢流計串聯，將主線圈與電池組連接後放入次線圈中，如圖 23-4 所示。
2. 觀察主線圈在通電瞬間及斷電瞬間，對 1500 匝次線圈產生的感應電流方向及大小。
3. 將主線圈與電池組之連接方向反過來（即主線圈之電流方向相反），重複步驟 1 及 2。

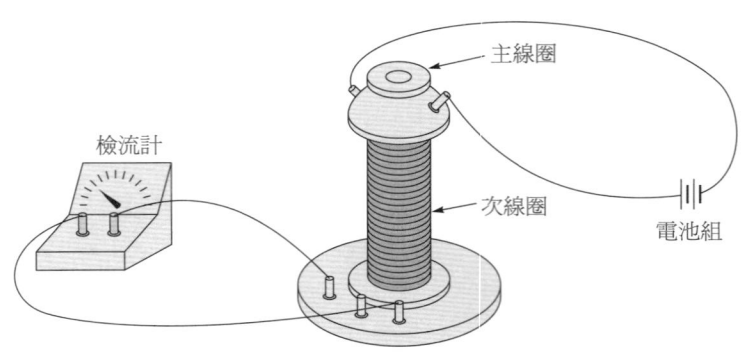

圖 23-4

4. 將主線圈通電後,上下移動主線圈,觀察次線圈之感應電流方向。

III、鐵棒對線圈之影響

1. 次線圈依然與檢流計串聯,主線圈中心孔放入一根未具磁性的鐵棒,並與電池組連接。
2. 觀察主線圈在通電瞬間及斷電瞬間,對不同匝數(500 匝、1000 匝、1500 匝)之次線圈產生之感應電流方向及大小,並與步驟 II-2 之結果比較。
3. 反接主線圈電流方向,重複步驟 1、2。
4. 將主線圈通電後,上下移動鐵棒,觀察次線圈之感應電流方向。
5. 將主線圈通電,同時上下移動鐵棒及主線圈,觀察次線圈之感應電流方向。

實驗二十三　感應電動勢實驗報告

班級：＿＿＿＿＿＿＿　　組別：＿＿＿＿＿＿＿　　實驗日期：＿＿＿＿＿＿＿

座（學）號：＿＿＿＿＿＿＿＿＿＿　　姓名：＿＿＿＿＿＿＿＿＿＿＿＿

同組同學座號及姓名：＿＿＿＿＿＿＿＿＿＿　　評分：＿＿＿＿＿＿＿＿

實驗數據及結果

下列三表中之空格均填次線圈感應電流方向

一、線圈與磁鐵間之感應

磁棒方向 次線圈匝數 動作	N 極向下			S 極向下		
	500 匝	1000 匝	1500 匝	500 匝	1000 匝	1500 匝
磁棒插入線圈						
磁棒抽出線圈						
線圈靠近磁棒						
線圈遠離磁棒						

1. 比較不同匝數次線圈感應電流之大小關係：

　　＿＿＿＿＿＿＿　＞　＿＿＿＿＿＿＿　＞　＿＿＿＿＿＿＿

2. 比較磁棒快速和慢慢插入或抽出 1500 匝次線圈之感應電流大小關係：

　　＿＿＿＿＿＿＿　＞　＿＿＿＿＿＿＿

二、線圈與線圈之感應

主線圈之動作	主線圈與電池組正接	主線圈與電池組反接
通　電　瞬　間		
斷　電　瞬　間		
向　上　移　動		
向　下　移　動		

三、鐵棒對線圈之影響

動作 \ 次線圈匝數	主線圈與電池組正接			主線圈與電池組反接		
	500 匝	1000 匝	1500 匝	500 匝	1000 匝	1500 匝
主線圈通電瞬間						
主線圈斷電瞬間						
鐵　棒　向　上　移　動						
鐵　棒　向　下　移　動						
鐵棒與主線圈同時上移						
鐵棒與主線圈同時下移						

討論

問題

1. 當磁棒以 N 極向下插入和抽出次線圈時,其感應電流方向相同否?原因為何?
2. 為什麼主線圈在斷電或通電瞬間,會對次線圈產生感應電動勢?
3. 當主線圈在通電或斷電瞬間,對次線圈的感應電流方向相同否?原因為何?
4. 當次線圈之匝數愈多,其感應電流愈大或愈小,其原因為何?
5. 主線圈內放入及沒放入鐵棒的兩種情況,對次線圈之感應電流大小有無影響?那種情況感應電流較大或一樣?其原因為何?
6. 將磁棒和主線圈的插入或抽出次線圈的速率加快,會使得感應電流變大或變小?此現象與那個定律相關?

實驗二十四

熱電電動勢實驗

一、目 的

研究熱電現象並畫出熱電電動勢與溫度差之特性曲線。

二、方 法

將熱電偶（以兩條不同材料的金屬線接合在一起）一端置於室溫下並接電位計，另一端置於加熱的水中，測量在兩端的不同溫度差 ΔT 下，所產生的熱電電動勢 E，並以此畫 $\Delta T - E$ 的特性曲線。

三、原 理

產生電動勢的方法，除了可用電池的化學反應（將化學能轉變成電能）和電磁感應現象（改變磁通量）來形成外，也可應用溫度差來產生電動勢。

在 1821 年，Seebeck 發現了一由兩種不同金屬接合在一起的熱電偶，在其兩端接合處的溫度不同時，自由電子密度就會不同，而產生電動勢造成電流。此現象稱為 Seebeck 效應，所產生之電動勢即稱熱電電動勢。

Seebeck 效應所產生的熱電電動勢，可使兩端接合處之溫度差降低，即使得熱接合端溫度降低，冷接合端溫度升高。而熱電電動勢的大小則與熱電偶的材料，冷接合端的溫度及兩接合端的溫度差相關。其關係如圖 24-1 所示，非常接近一拋物線，此圖為銅-鐵熱電偶的特性曲線，若是其他不同導體，則其曲度不同，但仍為拋物線

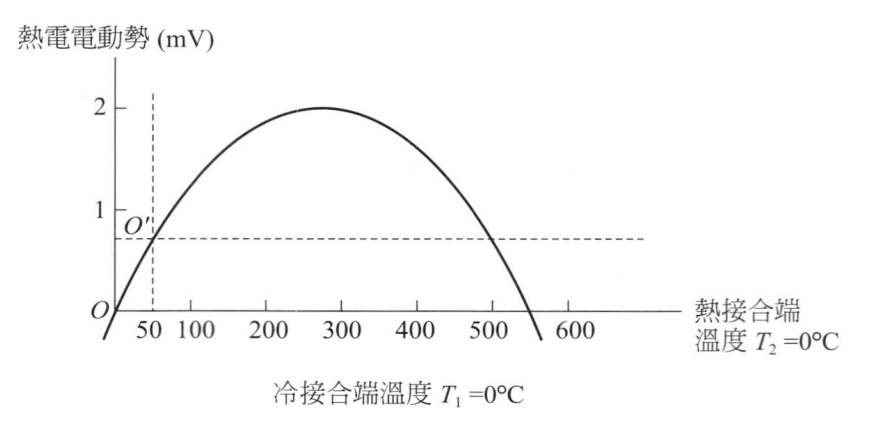

關係。

　　圖 24-1 所示之特性曲線，是將銅-鐵熱電偶之冷接合端固定在 $T_1 = 0°C$，而在熱接合端加熱使溫度 T_2 逐漸上升，兩端溫度差 $\Delta T = T_2 - T_1$ 與所測得之熱電電動勢 E 的對應關係。由圖可得，當熱接合端之溫度約在 270°C 左右時，即 $\Delta T = 270°C$，所對應之熱電電動勢為最大值（約 2 mV），當 T_2 超過 270°C，隨著溫度差增加，電動勢反而減少。另外，我們需注意的是，若將冷接合端溫度 T_1 升高或降低，則特性曲線形狀仍相同，但熱電電動勢之大小卻會改變，以圖 24-1 中所示之虛線座標為例，是當冷接合端之溫度固定為 50°C 時，則特性曲線所對應之原點為 O'，此時最大電動勢仍發生在熱接合端 $T_2 = 270°C$ 左右，但電動勢之值卻比 2 mV 低很多。

　　因各種熱電偶的熱電電動勢與溫度的關係曲線均接近一拋物線，故可用下式表示它們的關係：

$$E = \alpha + \beta \Delta T + r(\Delta T)^2 \quad\quad\quad\quad\quad\quad\quad\quad\quad\quad\quad\quad (1)$$

(1) 式中 α、β、γ 為與熱電偶材料及冷接合端之溫度有關的常數。實驗時，只要測出三種不同的溫度差 ΔT 的熱電電動勢，代入 (1) 式解聯立方程式，即可求得 α、β、γ 之值。並可畫出如圖 24-1 的曲線，預測其他溫度差的熱電電動勢，或可以此曲線為依據，以熱電偶當溫度計來測量溫度。

四、儀器及材料

　　蒸汽鍋，電位計，加熱杯，電木蓋，熱電偶線，溫度計（50°C、1/10 刻度一支，100°C、1/1 刻度一支），軟木塞二個。

五、注意事項

1. 加熱蒸汽鍋時，避免碰觸蒸汽鍋以免燙傷。
2. 加熱過程，須注意蒸汽鍋內水量是否足夠，不足時，應加水。
3. 溫度計（50°C、1/10 刻度）置於電位計以測量熱電偶冷接合端溫度，另一支溫度計（100°C、1/1 刻度）置於加熱杯以測量熱接合端溫度。
4. 溫度計與熱電偶熱接合端勿與加熱杯底部接觸。
5. 實驗中，需常溫和攪拌加熱杯內的水，使其溫度均勻。

六、步　驟

1. 儀器裝置如圖 24-2 所示，將加熱杯置入蒸汽鍋上，溫度計（100°C、1/1 刻度）及熱電偶熱接合端以軟木塞固定於電木蓋且置於加熱杯內齊深處。熱電偶冷接合端接於電位計上。
2. 將電位計接上電源後打開電源開關（測試開關暫勿打開），通電約 15 分鐘，以

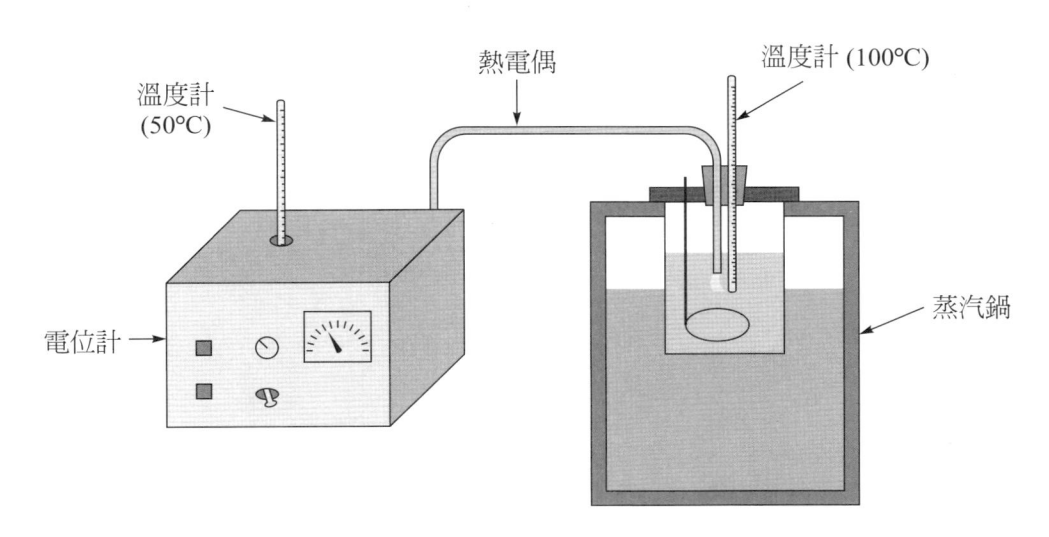

圖 24-2

待電位計之性能穩定後，才可做正確的量度。

3. 將蒸汽鍋接上電源加熱使水溫上升，當加熱杯內水溫與電位計的溫度相同時，迅速打開測試開關，使電表讀數歸零。並隨即關掉測試開關，並讀取冷接合端溫度 T_1。

4. 當熱接合端溫度 T_2 為 30°C 時，打開測試開關，讀取電動勢 E 值，隨即關掉測試開關，並讀取冷接合端溫度 T_1。

5. 熱接合端溫度每增加 5°C，即重複步驟 4，直到加熱杯內水溫無法再增加時為止。

6. 將所得之數據，以溫度差 $\Delta T = T_2 - T_1$ 為橫軸，熱電電動勢 E 為縱軸，於方格紙上繪出特性曲線。

7. 將每三組數據之 ΔT 及 E 代入 (1) 式，解聯立方程式，以求得 α、β 及 γ 之值。

實驗二十四　熱電電動勢實驗報告

班級：＿＿＿＿＿＿＿＿　組別：＿＿＿＿＿＿＿＿　實驗日期：＿＿＿＿＿＿＿＿

座（學）號：＿＿＿＿＿＿＿＿＿＿＿　姓名：＿＿＿＿＿＿＿＿＿＿＿＿＿

同組同學座號及姓名：＿＿＿＿＿＿＿＿＿＿＿　評分：＿＿＿＿＿＿＿＿＿＿

實驗數據及結果

熱接合端 T_2 (°C)	冷接合端 T_1 (°C)	電動勢 E (mV)	溫度差（°C）$\Delta T = T_2 - T_1$	常數 α (mV)	常數 β (mV/°C)	常數 γ (mV/°C^2)
30						
35						
40						
40						
45						
50						
55						
60						
65						
70						
75						
80						
85						
90						
95						
			常數平均值			

附方格紙畫出 $\Delta T - E$ 特性曲線（以 E 為縱軸，ΔT 為橫軸）。

討 論

問 題

1. 本實驗所使用之方法，只能使熱接合端之最高溫度為 100°C 左右，你所畫的 $\Delta T - E$ 圖，是否接近一直線？若為一直線，可否將 (1) 式改為 $E = \alpha + \beta \Delta T$ 來表示？並試以二組 ΔT 及 E 的數據，解聯立方程式求 α 及 β 之值，且與實驗結果比較。
2. 試利用熱電偶之特性，設計一熱電偶溫度計。
3. 實驗過程中，冷接合端之溫度 T_1 有否固定？若 T_1 沒有固定，有何方法可固定之？

實驗二十五 電子荷質比測定實驗

一、目 的

測定電子電荷與質量的比值。

二、方 法

利用荷質比測定儀器，觀察介於霍姆荷茲線圈間的球管內電子束的運動軌道半徑，並將加於電子束的電壓及磁場代入適當公式，即可求得電子電荷及質量的比值。

三、原 理

當一電子由陰極之電熱絲游離出來後，假定其初速為零，若在陽極與陰極間加一電壓 V 使電子加速，當其離開陽極時具有某恆定速度 $\vec{v}$，其關係為

$$\frac{1}{2}mv^2 = eV \tag{1}$$

上式中 m 為電子質量，e 為電子電量。若電子離開陽極後，進入一磁場強度為 $\vec{B}$ 的空間，則電子會受一磁力 $\vec{F} = e\vec{v} \times \vec{B}$ 的作用，此力之方向會與由 $\vec{v}$ 和 $\vec{B}$ 所構成之平面互相垂直，故電子運動方向會偏轉。若 $\vec{v}$ 和 $\vec{B}$ 的大小恆定，且方向互相垂直，則電子將作一圓周運動，此時磁力大小 $F = evB$，提供圓周運動所需之向心力，故

$$F = evB = \frac{mv^2}{R} \quad \text{...} \quad (2)$$

上式 R 為圓周運動之半徑。將 (1) 及 (2) 式的 v 消去，可得

$$\frac{e}{m} = \frac{2V}{B^2 R^2} \quad \text{...} \quad (3)$$

實驗時，若測得 V、B 及 R，即可求得 e/m 值。本實驗所需的磁場是由一對通電流的霍姆荷茲線圈（Helmholtz coils）所提供。如圖 25-1 所示，此對線圈共軸，且線圈面互相平行，它們的半徑皆為 r，兩線圈之間的距離也為 r，匝數同為 N。若有相同大小及方向的電流同時流經此對線圈，則在它們的共軸中點附近會產生一近於均勻的磁場，其大小為

$$B = \frac{8\mu_0 NI}{\sqrt{125}\, r} \quad \text{...} \quad (4)$$

上式中 μ_0 為真空之磁導率，其值為 $4\pi \times 10^{-7}$ Web/Amp·m。在本實驗之儀器中，線圈匝數 $N = 130$ 匝，線圈半徑 $r = 0.15$ m，故 (4) 式可簡化為

$$B = 7.80 \times 10^{-4} I \ (\text{Web/m}^2) \quad \text{...} \quad (5)$$

式中電流 I 之單位應為 Amp。

電子做圓周運動的半徑 R，由觀察實驗儀器之球管內的光圈及鏡尺（或刻度尺）可量得。而電子束可產生光圈的原因為球管內有少量的氣體（壓力約為 10^{-2} mmHg），

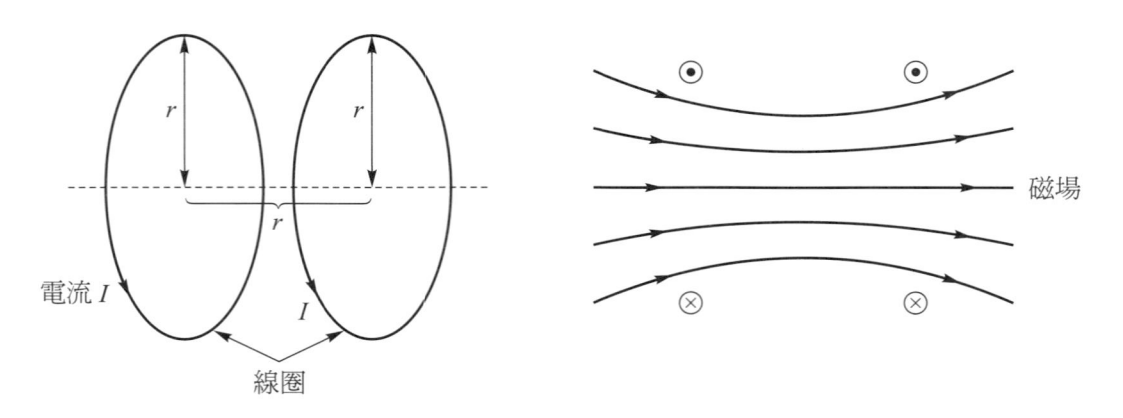

圖 25-1

當電子束離開陽極後與氣體發生碰撞，氣體原子失去電子而成為正離子，這些正離子會沿著電子束的路徑形成一條正電荷線。此正電荷線又吸引著來自加速陽極的高速電子，而正離子與電子結合時，會以光（或電磁波）的形式釋放能量，故我們可看到球管內電子束的路徑，並進而量出圓周軌跡之半徑。

四、儀器及材料

電子荷質比裝置（如圖 25-2 所示，含荷質比球管、管座、線圈、鏡尺或刻度尺、控制盤），高壓直流電源供應器（附 6.3 V 交流輸出），直流電源供應器（或 6 V 蓄電池，以供應線圈電流），安培計，伏特計，連接線。

五、注意事項

1. 線圈軸須定位於正東西方向上，以減少地磁水平強度對磁場之影響。
2. 實驗開始前電熱絲需以 6.3 V 交流電壓加熱約 3 分鐘，若長時間沒有使用，光圈會變模糊，此時將焦點調節鈕左轉到底，再對電子鎗電極加直流 250 V 電壓，電熱絲加 6.3 V 交流電壓，約 10 分鐘即可觀察到光圈明顯變細。
3. 測定 e/m 值時，球管電源裝置開關必須調至 e/m 測定位置。
4. 為減少測量電子束圓周軌道半徑的誤差，要儘量將圓形軌道調至最大的程度。

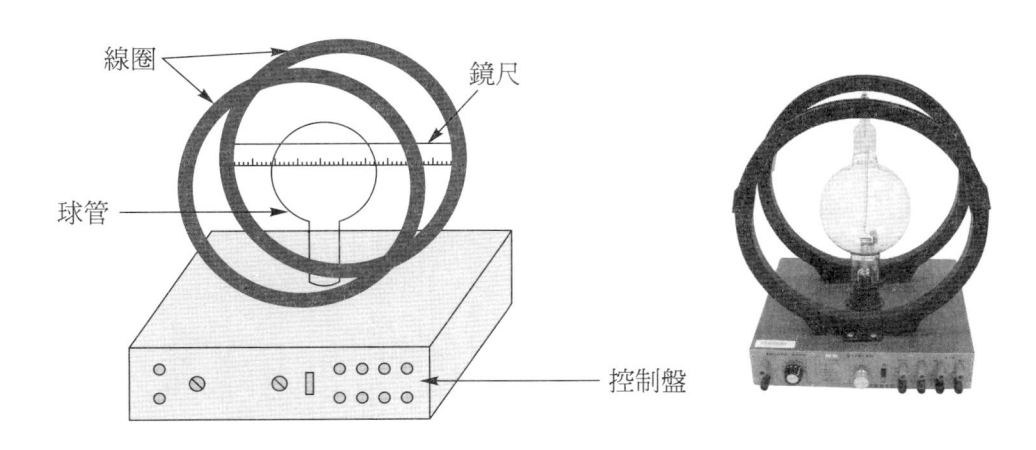

圖 25-2

六、步　驟

1. 將控制盤上之電子偏向或 e/m 測試選擇開關，調向 e/m 測試位置上。
2. 將高壓電源供應器之高壓輸出端，接至控制盤的外接加速電壓端。將 6.3 V 交流電輸出端，接至控制盤的電熱絲電壓輸入端。
3. 另外並聯一高壓直流伏特計（約 300 V）於控制盤的外接加速電壓端，以便讀取加速電壓 V，另注意加速電壓需在 150 V～300 V 之範圍內使用。
4. 將直流電源供應器（或 6 V 蓄電池）輸出端，接至控制盤的直流電源輸入端，並串聯一直流安培計以測定線圈電流 I。另注意其使用範圍約在 1～1.5 Amp 之間。
5. 將高壓電源供應器通電後，以 6.3 V 的交流電對電熱絲加熱約 3 分鐘，再調整高壓直流電源輸出，當電壓調至 150 V 左右，即可看到一電子束射出，此時調整聚焦鈕，使電子束成一細線。
6. 將直流電源通電後，調整線圈電流，可看到球管內電子射束光圈半徑隨之變化。將光圈半徑儘量調整至最大的程度，並利用鏡尺（或刻度尺）讀出光圈直徑 2R，且記錄此時之加速電壓 V 及線圈電流 I。
7. 將加速電壓由 150 V 調整，每次增加約 15 V～20 V，一直到電壓接近 300 V 為止，重複步驟 6 共 9 次，記錄各次 V、I 及 R。
8. 將各次 I 代入公式 (5) 求磁場強度 B。再將各組 V、B 及 R 代入公式 (3) 求 e/m 值並平均之，以與公認值比較。

實驗二十五

電子荷質比測定實驗報告

班級：＿＿＿＿＿＿＿＿　組別：＿＿＿＿＿＿＿＿　實驗日期：＿＿＿＿＿＿＿＿

座（學）號：＿＿＿＿＿＿＿＿＿＿＿　姓名：＿＿＿＿＿＿＿＿＿＿＿＿＿＿

同組同學座號及姓名：＿＿＿＿＿＿＿＿＿＿＿　評分：＿＿＿＿＿＿＿＿＿＿

實驗數據及結果

次數	加速電壓 V(Volt)	線圈電流 I(Amp)	磁場強度 B(Web/m^2)	直　徑 $2R$(m)	半　徑 R(m)	荷質比值 e/m(coul/kg)
1						
2						
3						
4						
5						
6						
7						
8						
9						
					e/m 平均值	
			e/m 公認值 ＝ ＿＿＿＿＿＿＿		百分誤差	

討論

問題

1. 本實驗中，若電子進入磁場 $\vec{B}$ 的速度 $\vec{v}$ 不與 $\vec{B}$ 互相垂直，則其電子束軌跡是否仍為圓形軌跡？若否，則應為何種軌跡？
2. 若磁場大小恆定，則軌道半徑之大小與加速電壓有何關係？
3. 電子在磁場內運動，其受力方向如何判定？

附　錄

附錄一　物理標準之定義

標　　　準	縮寫	定　　　義
公尺	m	在真空中光行進 1/299,792,458 秒所走的距離
公斤	kg	存於法國 Sèvres 之國際度量衡原器的質量
秒	sec	在 Cs^{133} 之基態 $^2S_{1/2}$ 其 4,0－3,0 非微擾超精細躍遷時的 9,192,631,770 次振動
凱氏度	°K	以熱動溫標定義之，水的三相點定為 273.16°K，溫度的絕對零度定為 0°K。
原子質量單位	amu	一 C^{12} 原子質量的 $\frac{1}{12}$
莫耳	mole	物質所含原子數與 12 克（恰正此值）純 C^{12} 的原子數相同時之量
自由下落的標準加速度	g	9.80665 公尺/秒^2
正常大氣壓力	atm	101,325 牛頓/公尺^2
熱化學卡	cal	4.1840 焦耳
升	li	0.001 公尺^3（恰正此值）
吋	in.	0.0254 公尺（恰正此值）
磅（質量）	lb	0.453,592,37 公斤

附錄二　重要物理常數

名稱	符號	計算用值	最佳實驗值（1969）
光速	c	3.00×10^8 公尺/秒	2.99792458(4)
導磁常數	μ_0	1.26×10^{-6} 亨利/公尺	$4\pi \times 10^{-17}$ 恰正此值
電容率	ε_0	8.85×10^{-12} 法拉/公尺	8.8541853(59)
基本電荷	e	1.60×10^{-19} 庫侖	1.6021917(70)
亞佛加德羅常數	N_0	6.02×10^{23} 莫耳	6.022169(40)
電子靜止質量	m_e	9.11×10^{-31} 公斤	9.109558(54)
質子靜止質量	m_p	1.67×10^{-27} 公斤	1.672614(11)
中子靜止質量	m_n	1.67×10^{-27} 公斤	1.674920(11)
蒲朗克常數	h	6.63×10^{-34} 焦耳秒	6.626196(50)
電子電荷/質量比	e/m_e	1.76×10^{11} 庫侖/公斤	1.7588028(54)
普遍氣體常數	R	8.31 焦耳/°K 莫耳	8.31434(35)
理想氣體的標準體積	V_0	2.24×10^{-2} 公尺^3/莫耳	2.24136(30)
波茲曼常數	k	1.38×10^{-23} 焦耳/°K	1.380622(59)
史蒂芬-波茲曼常數	σ	5.67×10^{-8} 瓦特/公尺^2°K^4	5.66961(96)
萬有引力常數	G	6.67×10^{-11} 牛頓公尺^2/公斤^2	6.6732(31)
標準重力加速度	g	9.80665 公尺/秒^2	9.80665
熱功當量	J	4.1855 焦耳/卡	

附錄三　物理量之單位與符號

物理量	符號	單位名稱	與基本量之關係 MKSC	與基本量之關係 MKSA
Length 長度	l, s	meter	m	
Mass 質量	m	kilogram	kg	
Time 時間	t	second	s	
Velocity 速度	v		ms^{-1}	
Acceleration 加速度	a		ms^{-2}	
Angular velocity 角速度	ω		s^{-1}	
Angular frequency 角頻率	ω		s^{-1}	
Frequency 頻率	f	hertz(Hz)	s^{-1}	
Momentum 動量	p		$mkgs^{-1}$	
Force 力	F	newton(N)	$mkgs^{-2}$	
Angular momentum 角動量	L		$m^2 kgs^{-1}$	
Torque 力矩	τ		$m^2 kgs^{-2}$	
Work 功	W	joule(J)	$m^2 kgs^{-2}$	
Power 功率	P	watt(W)	$m^2 kgs^{-3}$	
Energy 能	E_k, E_P, U, E	joule(J)	$m^2 kgs^{-2}$	
Temperature 溫度	T	K		
Coefficient of thermal conductivity 熱傳導係數	k		$mkgs^{-3}K^{-1}$	
Coefficient of viscosity 黏滯係數	η		$m^{-1}kgs^{-1}$	
Young's modulus 楊氏係數	Y		$m^{-1}kgs^{-2}$	
Bulk modulus 容積彈性係數	$\mathcal{B}$		$m^{-1}kgs^{-2}$	
Shear modulus 切變彈性係數	S		$m^{-1}kgs^{-2}$	
Moment of inertia 轉動慣量	I		$m^2 kg$	
Gravitational field 重力場	g		ms^{-2}	
Charge 電荷	q, Q	coulomb	C	As
Electric current 電流	I	ampere	$s^{-1}C$	A
Electric field 電場	E		$mkgs^{-2}C^{-1}$	$mkgs^{-3}A^{-1}$
Electric potential 電位	V	volt(V)	$m^2 kgs^{-2}C^{-1}$	$m^2 kg^{-3}A^{-1}$
Current density 電流密度	j		$m^{-2}s^{-1}C$	$m^{-2}A$
Electric resistance 電阻	R	ohm(Ω)	$m^2 kgs^{-1}C^{-2}$	$m^2 kgs^{-3}A^{-2}$
Inductance 電感	L	henry(H)	$m^2 kgC^{-2}$	$m^2 kgs^{-2}A^{-2}$
Electric permittivity 電允係數	ε_0		$m^{-3}kg^{-1}s^2 C^2$	$m^{-3}kg^{-1}s^4 A^2$
Magnetic field 磁場	B	tesla(T)	$kgs^{-1}C^{-1}$	$kgs^{-2}A^{-1}$
Magnetic permeability 磁導係數	μ_0		$mkgC^{-2}$	$mkgs^{-2}A^{-2}$
Magnetic flux 磁通量	Φ_B	weber(Wb)	$m^2 kgs^{-1}C^{-1}$	$m^2 kgs^{-2}A^{-1}$
Capacitance 電容	C	farad(F)	$m^{-2}kg^{-1}s^2 C^2$	$m^{-2}kg^{-1}s^4 A^2$

附錄四　單位換算因數

時間：
1 s = 1.667×10^{-2} min = 2.778×10^{-4} hr
　　= 3.169×10^{-8} yr
1 min = 60 s = 1.667×10^{-2} yr
　　　　= 1.901×10^{-6} yr
1 hr = 3600 s = 60 min = 1.141×10^{-4} yr
1 yr = 3.156×10^{7} s = 5.259×10^{5} min
　　= 8.766×10^{3} hr

長度：
1 m = 10^2 cm = 39.37 in = 6.214×10^{-4} mi
1 mi = 5280 ft = 1.609 km
1 in = 2.540 cm
1Å (angstrom) = 10^{-8} cm = 10^{-10} m
　　　　　　　 = 10^{-10} μ(micron)
1μ (micron) = 10^{-6} m
1AU (astronomical unit) = 1.496×10^{11} m
1 light year = 9.46×10^{15} m

角度：
1 radian = 57.3°
1° = 1.74×10^{-2} rad
1′ = 2.91×10^{-4} rad
1″ = 4.85×10^{-6} rad

面積：
1 m^2 = 10^4 cm^2 = 1.55×10^{-5} in^2
　　　 = 10.76 ft^2
1 in^2 = 6.452 cm^2
1 ft^2 = 144 in^2 = 9.29×10^{-2} m^2

體積：
1 m^3 = 10^6 cm^3 = 10^3 liters
　　　 = 35.3 ft^3 = 6.1×10^4 in^3
1 ft^3 = 2.83×10^{-2} m^3 = 28.32 liters
1 in^3 = 16.39 cm^3

速度：
1 ms^{-1} = 10^2 cms^{-1} = 3.281 fts^{-1}
1 fts^{-1} = 30.48 cms^{-1}
1 mi min^{-1} = 60 mi hr^{-1} = 88 fts^{-1}

加速度：
1 ms^{-2} = 10^2 cms^{-2} = 3.281 fts^{-2}
1 fts^{-2} = 30.48 cms^{-2}

質量：
1 kg = 10^3 g = 2.205 lb
1 lb = 453.6 g = 0.4536 kg
1 amu = 1.6604×10^{-27} kg

力：
1 N = 10^5 dyn = 0.2248 lbf = 0.102 kgw
1 dyn = 10^{-5} N = 2.248×10^{-6} lb
1 lb = 4.448 N = 4.448×10^5 dyn
1 kgw = 9.81 N

壓力：
1 Nm^{-2} = 9.265×10^{-6} atm
　　　　 = 1.450×10^{-4} lb in^{-2}
　　　　 = 10 dyn cm^{-2}
1 atm = 14.7 lb in^{-2} = 1.013×10^5 Nm^{-2}
1 bar = 10^6 dyn cm^{-2}

能量：
1 J = 10^7 ergs = 0.239 cal
　　 = 6.242×10^{18} eV
1 eV = 10^{-6} MeV = 1.60×10^{-12} erg
　　　 = 1.07×10^{-9} amu
1 cal = 4.186 J = 2.613×10^{19} eV
　　　 = 2.807×10^{10} amu
1 amu = 1.492×10^{-10} J
　　　 = 3.564×10^{-11} cal = 931.0 MeV

溫度：
K = 273.1 + °C
°C = $\frac{5}{9}$ (°F − 32)
°F = $\frac{9}{5}$ °C + 32

功率：
1 W = 1.341×10^{-3} hp
1 hp = 745.7 W

附錄五　數學符號

符　號	表示意義	符　號	表示意義
=	等於	≧	大於或等於
≈	近似等於	≦	小於或等於
≠	不等於	±	正或負（例如，$\sqrt{9} = \pm 3$）
≡	恆等於；定義為	∝	成正比
>	大於（>> 遠大於）	Σ	總和
<	小於（<< 遠小於）	$\bar{x}$	x 的平均值

附錄六　希臘字母

名稱	大寫	小寫	名稱	大寫	小寫
Alpha	A	α	Nu	N	ν
Beta	B	β	Xi	Ξ	ξ
Gamma	Γ	γ	Omicron	O	o
Delta	Δ	δ	Pi	π	π
Epsilon	E	ε, ϵ	Rho	P	ρ
Zeta	Z	ζ	Sigma	Σ	σ, ς
Eta	H	η	Tau	T	τ
Theta	Θ	θ, ϑ	Upsilon	Υ	υ
Iota	I	ι	Phi	Φ	ϕ, φ
Kappa	K	κ	Chi	X	χ
Lambda	Λ	λ	Psi	Ψ	ψ
Mu	M	μ	Omega	Ω	ω

附錄七　10倍數乘冪表

倍數或約數	符號	字首	名稱
$10^{15} = 1,000,000,000,000,000$	P	peta-	Quadrillion 千兆
$10^{12} = 1,000,000,000,000$	T	tera-	Trillion 兆
$10^9 = 1,000,000,000$	G	giga-	Billion 十億
$10^6 = 1,000,000$	M	mega-	Million 百萬
$10^3 = 1,000$	k	kilo-	Thousand 仟
$10^2 = 100$	h	hecto-	Hundred 佰
$10^1 = 10$	da	deka-	Ten 拾
$10^0 = 1$			One 一
$10^{-1} = .1$	d	deci-	One tenth 分；十分之一
$10^{-2} = .01$	c	centi-	One hundredth 厘；百分之一
$10^{-3} = .001$	m	milli-	One thousandth 毫；千分之一
$10^{-6} = .000\ 001$	μ	micro-	One millionth 微；百萬分之一
$10^{-9} = .000\ 000\ 001$	n	nano-	One billionth 毫微，塵；十億分之一
$10^{-12} = .000\ 000\ 000\ 001$	p	pico-	One trillionth 微微，漠；兆分之一
$10^{-15} = .000\ 000\ 000\ 000\ 001$	f	femto-	One quadrillionth 毫漠，毫微微；千兆分之一

說明：所有單位名稱前面加上列某字首，即該單位乘上其乘冪大小，例如：1 microampere 即 1 μA = 10^{-6} A，1 kilometer 即 1 km = 10^3 m。

附錄八　各地之重力加速度 g 值

地　名	北緯	東經	海拔 (m)	g (cm/s^2)
台　北（Taipei）	25°02′	121°31′	8	978.707
台　中（Taichung）	24°09′	120°41′	77	976.516
阿里山（Mt. Alisan）	23°31′	120°48′	2046	935.770
台　南（Tainan）	23°00′	120°31′	13	978.426
高　雄（Kauhsiung）	22°37′	120°16′	29	977.896
北　極（Pole）	90°00′	………	0	983.216
列寧格拉（Leningrad）	59°56.5′	30°18.1′	6	981.929
莫斯科（Moscow）	55°45.3′	37°34.3′	139	981.564
柏　林（Berlin）	52°31′	13°19′	30	981.280
倫　敦（London）	51°31.1′	− 0°06′	30	981.199
巴　黎（Paris）	48°50.2′	2°20.2′	61	980.943
波士頓（Boston）	42°21.5′	− 71°03.8′	22	980.396
羅　馬（Rome）	41°54.0′	12°29.5′	59	980.348
芝加哥（Chicago）	41°50.0′	− 87°36.8′	182	980.283
紐　約（New York）	40°48.5′	− 73°57.5′	38	980.247
北　平（Peiping）	39°55.8′	116°23.7′	46	980.122
舊金山（San Francisco）	37°47.5′	−112°25.7′	114	979.996
東　京（Tokyo）	35°42.0′	139°46.0′	18	979.801
南　京（Nanking）	32°03.6′	118°45′	270	979.442
上　海（Shanghai）	31°11.5′	121°25.7′	7	979.436
成　都（Chentu）	30°38′	104°03′	………	………
廣　州（Canton）	23°00′	112°19′	13	978.831
馬尼拉（Manila）	14°35.4′	120°57.5′	3	978.360
新加坡（Singapore）	1°17.3′	103°51.2′	8	978.070
赤　道（Equator）	0°00′	………	0	978.039
巴達維亞（Batavia）	− 6°11.0′	106°49.8′	7	978.178
角　鎮（Cape Town）	−33°56′	− 18°29′	11	979.657
百魯是亞（Buenos Aires）	−34°36.5′	− 58°22.2′	2	979.669
墨波思（Melbourne）	−37°49.9′	144°58.5′	26	979.987
南　極（Pole）	−90°00′	………	0	983.216

附錄九　固體的物性常數

物質	密度 g/cm³	楊氏係數 $Y \times 10^{11}$ dyne/cm²	剛性係數 $n \times 10^{11}$ dyne/cm²	Poisson 比 σ	體積彈性係數 $K \times 10^{11}$ dyne/cm²	線膨脹係數 $\alpha \times 10^{-6}$ 1/°C	比熱 cal/g°C	熔點 °C
鋅	7.14	12.5	3.8	0.21	—	29.76	0.0925	419.5
鋁	2.69	7.05	2.67	0.339	74.6	22.20	0.211	66.0
玻璃 Crown	2.4~2.5	6.5~7.8	2.6~3.2	0.20~0.27	4.0~5.9	8.97	—	—
玻璃 Flint	2.9~4.5	5.0~6.0	2.0~2.5	0.22~0.26	3.6~3.8	7.88	—	—
金	19.3	8.0	2.77	0.422	16.6	14.70	0.0309	1063
銀	10.50	7.0	2.87	0.379	10.9	18.9	0.560	960.5
膠皮	0.91~0.96	0.048~0.052	—	0.46~0.49	—	65.7~68.6	0.4	—
黃銅 (1)	8.56	9.7~10.2	約 3.5	0.34~0.40	10.65	19.06	0.0925	—
錫 (純)	7.28	5.43	2.04	0.33	5.29	22.96	0.0541	231.9
青銅 (2)	8.7	8.08	3.43	0.358	9.52	8.44	—	—
鎢	19.3	—	—	—	—	4.44	0.0321	—
鐵 (鑄)	約 7.8	10~13	3.5~5.3	0.23~0.31	9.6	10.61	—	—
鐵 (鍛)		19~20	7.7~8.3	約 0.27	14.6	8.50	—	—
鐵 (鋼)		19.5~20.6	7.9~8.9	0.25~0.33	18.1	11.40	—	—
銅	8.93	12.3~12.9	3.9~4.6	0.26~0.34	14.3	16.66	0.11~0.13	1083
鉛	11.34	1.62	0.562	0.446	5.00	27.09	0.0919	327.3
螺 (97%)	8.90	20.2	7.70	0.309	17.6	12.79	0.0304	1455
鉑	21.45	16.8	6.10	0.387	24.7	8.99	0.1032	1774
孟加鎳 (3)	8.15	12.4	4.65	0.329	12.1	18.1	0.0316	—
白銅 (4)	8.5	11.6	4.3~4.7	0.37	—	18.36	0.097	—
磷青銅 (5)	8.9	12.0	4.36	0.38	—	17.0	0.0946	—
							0.087	

(1) 66%Cu，34%Zn　　(2) 85.7%Cu，7.2%Zn，6.4%Sn　　(3) 84%Cu，12%Mn，4%Ni
(4) 60%Cu，15%Ni，25%Zn　　(5) 92.3%Cu，7%Sn，0.5%P

附錄十　液體的物性常數

物質	密度 g/cm³	黏性係數 (η) g/cm sec	表面張力 (T) dyne/cm	體膨脹係數 $\beta \times 10^{-4}$ (1/°C)	比熱 cal/g°C	熔點 °C	熔解熱 cal/g	沸點 °C	氣化熱 cal/g	折射率 D	聲速 m/sec
甲　醇 Methyl-Alcohol	0.7817	0.00593 (20°C)	22.6 (20°C)	11.99 (20°C)	0.824	97.1	—	24.7	264	1.3290	—
乙　醇 Ethyl-Alcohol	0.7893	0.0172 (20°C)	22.3 (20°C)	11.2 (20°C)	0.570	117	24	78.2	205	1.3625	1168 (20°)
乙　醚 Ethyl-Ether	0.715	0.00233 (20°C)	16.5 (20°C)	16.56 (20°C)	0.551	116	—	34.6	84	1.3538	—
橄欖油	0.918	0.840 (20°C)	32 (20°C)		0.576	(20)	—	(300)	—	1.4763	—
丙三醇	1.260	14.560	63.4 (20°C)	48.95	0.0333	19	—	290	—	1.4730	—
銀	參照別表	0.0155	487 (15°C)	1.819(20°C)	0.511	28.89	28	357	68	—	1467 (25°)
石　油	0.878	0.1274	26 (18°C)	139.6 1.50 (10–20°C)		—	—	—	—	約 1.4	—
水	參照別表	參照別表	參照別表	3.02 (20–40°C)	1.00	0.00	79.7	100.0	539.1	1.3332	1433 (15°)

附錄十一　氣體的物性常數

物質	密度 g/cm³	黏性係數 $\eta\times10^{-4}$ g/cm sec	比熱 C_P	比熱 C_P/C	膨脹係數 $\beta\times10^{-2}$ (1/°C)	熔點 °C	熔解熱 cal/g	沸點 °C	氣化熱 cal/g	折射率 D	聲速 0°C m/sec
空氣	參照別表	1.81	0.2399	1.403	0.36650	—	—	—	—	1.0002918	331.45
酸素	1.429	2.04	0.2203	1.936	0.36681	−218.9	3.3	−182.97	51	1.000270	316.2
水素	0.08987	0.882	3.39	1.410	0.36626	−259.4	14.0	−252.81	108	1.0001392	126.2
炭酸瓦斯	1.976	1.457	0.200	1.302	0.36981	−56.6 (5.1氣壓)	43.2	−78.50 (昇華點)	138 (昇華熱)	1.000449	259.3
窒素	1.250	1.76	0.247	1.405	0.36683	−210.1	6.1	−195.8	48	1.000297	337.7
氦	0.1784	1.96	1.25	1.66	0.36616	—	1.2	−268.9	6	1.0000350	

附錄十二　水的密度

(單位：g/cm³)

溫度°C	0	1	2	3	4	5	6	7	8	9
0	0.99987	0.99993	0.99997	0.99999	1.00000	0.99999	0.99997	0.99993	0.99988	0.99981
10	0.99973	0.99963	0.99952	0.99940	0.99927	0.99913	0.99897	0.99880	0.99862	0.99843
20	0.99823	0.99802	0.99780	0.99756	0.99732	0.99707	0.99681	0.99654	0.99626	0.99597
30	0.99567	0.99537	0.99505	0.99473	0.99440	0.99406	0.99371	0.99336	0.99299	0.99262
40	0.99224	0.99186	0.99147	0.99107	0.99066	0.99024	0.98982	0.98940	0.98896	0.98852
50	0.98807	0.98762	0.98715	0.98669	0.98621	0.98573	0.98525	0.98475	0.98425	0.98375
60	0.98324	0.98272	0.98220	0.98167	0.98113	0.98059	0.98005	0.97950	0.97894	0.97838
70	0.97781	0.97723	0.97666	0.97607	0.97548	0.97489	0.97429	0.97368	0.97307	0.97245
80	0.97183	0.97121	0.97057	0.96994	0.96930	0.96865	0.96800	0.96734	0.96668	0.96601
90	0.96534	0.96467	0.96399	0.96330	0.96261	0.96192	0.96122	0.96051	0.95981	0.95909

附錄十三　固體及流體的比重值

固體					流體			
物質	比重	物質	比重	物質	比重	物質	比重
鉑	21.45	鐵	7.87	水　銀	13.595	橄欖油	0.918
金	19.3	鋅	7.14	溴	3.187	丙　酮	0.792
鉛	11.34	鋁	2.69	四氯化碳	1.594	酒　精	0.7893
銀	10.5	玻　璃	2.6	二硫化碳	1.293	甲　醇	0.7817
青　銅	8.7	冰	0.92	甘　油	1.261	乙　醚	0.715
黃　銅	8.56	石　臘	0.9	水		空　氣	1.293×10^{-3}

附錄十四　空氣密度

(單位：$\lambda \times 10^{-3} \text{g/cm}^3$)

°C \ mmHg	690	700	710	720	730	740	750	760	770	780
0°	1.174	1.191	1.208	1.225	1.242	1.259	1.276	1.293	1.310	1.327
5	1.153	1.169	1.186	1.203	1.220	1.236	1.253	1.270	1.286	1.303
10	1.132	1.149	1.165	1.182	1.198	1.214	1.231	1.247	1.264	1.280
15	1.113	1.129	1.145	1.161	1.177	1.193	1.209	1.226	1.242	1.258
20	1.094	1.109	1.125	1.141	1.157	1.173	1.189	1.205	1.220	1.236
25	1.075	1.091	1.106	1.122	1.138	1.153	1.169	1.184	1.200	1.215
30	1.057	1.073	1.088	1.103	1.119	1.134	1.149	1.165	1.180	1.195

附錄十五　水之黏滯係數 η

（單位：$\eta \times 10^{-2}$ g/cm・sec）

溫度 (°C)	0	10	15	16	17	18	19	20
η	1.794	1.302	1.140	1.111	1.083	1.056	1.030	1.009
溫度 (°C)	21	22	23	24	25	26	27	28
η	0.981	0.958	0.936	0.914	0.894	0.874	0.855	0.836
溫度 (°C)	29	30	31	32	40	50	70	100
η	0.818	0.801	0.784	0.768	0.651	0.548	0.407	0.284

附錄十六　水銀密度

（單位：g/cm³）

溫度 (°C)	0	1	2	3	4	5	6	7	8	9
0	13.59546	59299	59052	58805	58558	58311	58064	57817	57571	57324
10	57077	56831	56585	56338	56092	55846	55600	55354	55108	54862
20	54616	54370	54124	53879	53633	53388	53142	52897	52651	52406
30	52161	51916	51671	51426	51181	50936	50691	50447	50202	49957
40	49713	49469	49224	49480	48736	48491	48247	48003	47759	47516
50	47272	47028	46784	46541	46297	46054	45810	45567	45324	45080
60	44837	44594	44351	44108	43865	43622	43380	43137	42894	42652
70	42409	42167	41925	41682	41440	41198	40955	40714	40472	40230
80	39988	39746	39505	39263	39022	38790	38539	38297	38056	37815
90	37574	37333	37092	36851	36610	36369	36128	35888	35647	35406
100	35166	—	—	—	—	—	—	—	—	—

附錄十七　表面張力值

(一) 水的表面張力（接觸空氣）

(單位：dyne/cm)

溫度 (°C)	表面張力	溫度 (°C)	表面張力
0	75.64	26	71.82
5	74.92	27	71.66
10	74.22	28	71.50
15	73.49	29	71.55
16	73.34	30	71.18
17	73.19	35	70.38
18	73.05	40	69.56
19	72.90	45	68.74
20	72.75	50	67.91
21	72.59	60	66.18
22	72.44	70	64.42
23	72.28	80	62.61
24	72.13	90	60.75
25	71.97	100	58.85

(二) 液體的表面張力（接觸空氣）

(20°C)　　　　　　　　　　　　　　　　　　　　　　　(單位：dyne/cm)

物質	水銀	甘油	橄欖油	二硫化碳	四氯化碳	石油
表面張力	487 (15°C) 465 (20°C)	63.1	32	32	27	26 (18°C)
物質	肥皂溶液	丙酮	甲醇	乙醇	乙醚	
表面張力	25	24	22.6	22.3	16.5	

附錄十八　聲速值（m/sec）

固體		液體		氣體	
物質	聲速 (20°C)	物質	聲速 (25°C)	物質	聲速 (0°C 1atm)
花岡石	6000	淡水	1493.2 (25°C) 1433 (15°C)	空氣	331.45
鐵	5130	海水 (鹽份 3.6%)	1532.8	氫氣	1269.5
銅	3750	煤油	1315	氧氣	317.2
鋁	5100	水銀	1450 (25°C) 1467 (20°C)	氮氣	339.3
鉛	1230	酒精	1210 (25°C) 1168 (20°C)	炭酸瓦斯	259.3

附錄十九　折射率

(波長 589×10^{-9} m 的黃色光)

固體		液體		氣體	
鑽　　石	2.417	二硫化碳	1.6276	乾燥空氣	1.00029
氯化鈉	1.544	苯	1.5012	二氧化碳	1.00045
石　　英	1.544	甘　　油	1.4730	炭酸瓦斯	1.000449
光學玻璃	1.574	松節油	1.4721	氦	1.000035
普通玻璃	1.523	四氯化碳	1.4607	氧	1.000272
氟化鈣	1.434	乙　　醇	1.3618	氫	1.000138
冰	1.309	水	1.3330	水銀蒸氣	1.000933
		甲　　醇	1.3290		
		乙　　醚	1.3538		
		橄欖油	1.4763		
		石　　油	約 1.4		

附錄二十　凸透鏡成像位置

物體之位置	像之位置	像之種類及大小
兩倍焦距外	另一側焦點及兩倍焦距之間	倒立實像小於物體
兩倍焦距之點	另一側兩倍焦距之點	倒立實像等於物體
兩倍焦距及焦點之間	另一側兩倍焦距之外	倒立實像大於物體
焦點	無法成像	
焦點內	物體同側	正立虛像大於物體

附錄二十一　凹透鏡成像位置

物體之位置	像之位置	像的大小 (物體為1)	像的種類
焦點外	焦點與焦距的 $\frac{1}{2}$ 之點之間	比 $\frac{1}{2}$ 小	正立虛像
焦點	焦距的 $\frac{1}{2}$ 之點	$\frac{1}{2}$	正立虛像
焦點內	凹透鏡與焦距的 $\frac{1}{2}$ 之點之間	大小在 $1 \sim \frac{1}{2}$ 之間	正立虛像

附錄二十二　電阻色碼之讀數

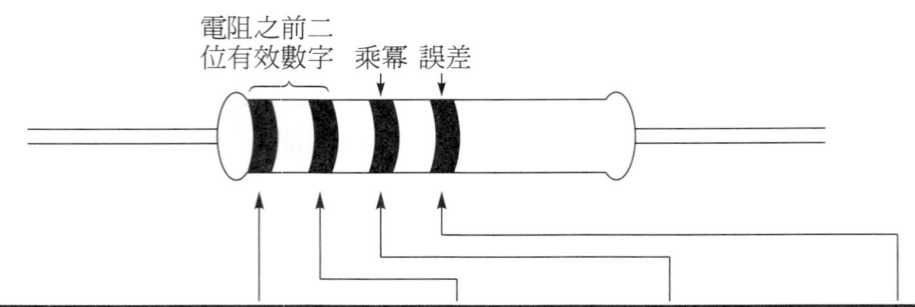

電阻之前二位有效數字　乘冪　誤差

	第一位數 (十位數)	第二位數 (個位數)	乘冪	誤差
黑（Black）	0	0	$10^0 = 1$	1%
棕（Brown）	1	1	10^1	2%
紅（Red）	2	2	10^2	3%
橙（Orange）	3	3	10^3	4%
黃（Yellow）	4	4	10^4	
綠（Green）	5	5	10^5	
藍（Blue）	6	6	10^6	
紫（Violet）	7	7	10^7	
灰（Gray）	8	8	10^8	
白（White）	9	9	10^9	
金（Gold）			$10^{-1} = 0.1$	5%
銀（Silver）			10^{-2}	10%
無色（No color）				20%

附錄：(1) 黑色表示其上漆上黑漆，無色表示其上沒有漆上任何顏色。

(2) 電阻要從 ▭▮▮▮▭ 這邊讀起，不要 ▭▮▮▮▭ 這樣讀。

附錄二十三　電阻係數及溫度係數

金屬	電阻係數 ($\times 10^{-6}\,\Omega\cdot\text{cm}$)	溫度係數 $\times 10^{-3}(°C)^{-1}$	金屬	電阻係數 ($\times 10^{-6}\,\Omega\cdot\text{cm}$)	溫度係數 $\times 10^{-3}(°C)^{-1}$
銀	1.62	3.1	鐵(鋼)	10～20	50
銅	1.72	4.3	錫	11.4	4.5
金	2.4	4.0	鉛	21	4.2
鋁	2.75	4.2	水銀	34.8	0.99
黃銅	5～7	14～2	銻	39	4.7
鎢	5.5	5.3	鉍	120	4.5
鉬	5.6	4.4	燐青銅	2～6	—
鋅	5.9	4.2	洋銀	17～41	−0.04～0.38
鉑	10.6	3.8	孟加皋	34～100	−0.03～+0.02
鎳	7.24	6.7	德銀	47～51	−0.04～+0.01
鎳鉻齊	98～110	0.03～0.4			

附錄二十四　電儀表的符號

符號	表示意義	符號	表示意義	符號	表示意義
A	電流計（安培）	mV	電壓計（毫伏特）	—	直流專用
mA	電流計（毫安培）	Ω	電阻計（歐姆）	～	交流專用
μA	電流計（微安培）	kΩ	電阻計（千歐姆）	≃	交直流兩用
V	電流計（伏特）	W	電力計（瓦特）		

附錄二十五　常見電路元件之表示符號

元件名稱	符號	元件名稱	符號
直流電源（電池）	—⊢⊢—	安培計	—(A)—
交流電源（信號產生器）	—(∼)—	伏特計	—(V)—
電阻	—√√√—	電燈	—(∞∞)—
可變電阻	—√√√— 或 —√√√—	插座	—(||)—
電容	—⊢⊢—	保險絲	—⌒—
可變電容	—⊬⊬—	接地	⏚
電感	—∞∞∞—	二極體	—▷|—
可變電感	—∞∞∞—	電晶體	—(⎓)—
檢流計	—(G)—	單刀開關	—/ —

附錄二十六　台灣及中國大陸各地之地磁狀況

城市	北緯	東經	偏角	傾角	水平強度	測定年
庫　　倫	47°55.6′	160°52′	0°64′	66°46′	0.229	1915
齊齊哈爾	47°22′	123°59′	7°34′	64°27′	0.242	1916
吉　　林	43°51′	126°36′	7°30′	60°20′	0.266	1916
瀋　　陽	41°50′	123°28′	6°04′	58°39′	0.278	1916
北　　平	40°00′	116°20′	4°53′	57°18′	0.288	1932
天　　津	39°05.9′	117°11′	4°04′	56°21′	0.293	1916
太　　原	37°51.9′	112°33′	3°18′	55°11′	0.301	1932
濟　　南	36°39.5′	117°01′	3°36′	53°06′	0.308	1915
蘭　　州	36°03.4′	103°48′	0°18′	53°05′	0.312	1916
鄭　　州	34°45′	113°43′	3°02′	50°43′	0.320	1932
西　　安	34°16′	108°57′	1°42′	50°39′	0.323	1932
南　　京	32°03.8′	118°48′	2°26′	46°43′	0.331	1922
上　　海	31°11.5′	121°26′	2°36′	45°38′	0.311	1907
成　　都	30°38′	104°03′	0°08′	45°10′	0.344	1916
漢　　口	30°37′	104°20′	2°04′	44°42′	0.341	1922
安　　慶	30°32′	117°02′	－	44°27′	0.341	1911
杭　　州	30°16′	120°08′	2°59′	44°05′	0.337	1917
南　　昌	28°42.4′	115°51′	1°51′	41°49′	0.349	1917
長　　沙	28°12.8′	112°53′	0°50′	41°11′	0.352	1907
福　　州	26°02.2′	119°11′	1°43′	27°28′	0.355	1917
桂　　林	25°17.7′	110°12′	0°05′	36°13′	0.366	1907
雲　　南	25°04.2′	102°42′	0°04′	35°19′	0.392	1911
廣　　州	23°06.1′	113°28′	0°29′	32°01′	0.372	1917
基　　隆	25°08′	121°45′	1°56.9′	35°29.2′	0.35824	－
台　　北	25°02′	121°31′	2°16.3′	35°25.4′	0.35841	－
新　　竹	24°48′	120°58′	1°40.2′	35°02.8′	0.36001	－
台　　中	24°09′	120°41′	1°40.8′	33°55.7′	0.36132	－
花　蓮　港	23°56′	121°37′	1°23.5′	33°39.2′	0.36083	－
阿　里　山	23°31′	120°48′	1°25.9′	32°42.8′	0.36488	－
台　　南	23°00′	120°18′	1°13.3′	31°47.2′	0.36698	－
台　　東	22°45′	121°09′	1°10.5′	31°22.7′	0.36653	－
高　　雄	22°37′	120°16′	1°09.9′	31°03.3′	0.36800	－